建筑工程施工与项目管理分析探索

赵钦华　陈立山　李静　著

辽宁大学出版社 | 沈阳

图书在版编目（CIP）数据

建筑工程施工与项目管理分析探索/赵钦华，陈立山，李静著. --沈阳：辽宁大学出版社，2024.12.
ISBN 978-7-5698-1629-7

Ⅰ.TU71

中国国家版本馆 CIP 数据核字第 20245C04V1 号

建筑工程施工与项目管理分析探索
JIANZHU GONGCHENG SHIGONG YU XIANGMU GUANLI FENXI TANSUO

出 版 者：辽宁大学出版社有限责任公司
　　　　　（地址：沈阳市皇姑区崇山中路66号　邮政编码：110036）
印 刷 者：沈阳市第二市政建设工程公司印刷厂
发 行 者：辽宁大学出版社有限责任公司
幅面尺寸：170mm×240mm
印　　张：15
字　　数：240千字
出版时间：2024年12月第1版
印刷时间：2025年1月第1次印刷
责任编辑：李珊珊
封面设计：高梦琦
责任校对：郭宇涵

书　　号：ISBN 978-7-5698-1629-7
定　　价：88.00元

联系电话：024-86864613
邮购热线：024-86830665
网　　址：http://press.lnu.edu.cn

前　言

随着全球化进程的不断深入和科技的迅猛发展,建筑工程施工与项目管理已经成为推动社会进步和经济发展的关键力量。在这个时代背景下,我们见证了建筑行业的快速变革,从传统的施工方法到现代的智能建造技术,从单一的项目管理到综合的资源优化配置,每一次进步都深刻影响着我们的生活和环境。

建筑工程施工与项目管理不仅关乎建筑物的质量和安全,更承载着提升城市功能、改善居住条件、促进社会和谐的重任。它们在实现经济效益的同时,也肩负着社会责任,为城市的可持续发展贡献着不可或缺的力量。建筑项目的成功管理,能够为社会带来长远的正面影响,包括提高居民生活质量、优化城市空间布局、促进经济多元化发展等。

本书从项目管理的基本概念出发,系统阐述了建筑工程项目管理的程序与制度,深入分析了施工项目管理的各个方面。首先,详细讨论了建筑工程合同的组织策划、监理、勘察与设计合同的管理要点。其次着重介绍了施工项目成本控制的基础理论、方法与技巧,以及成本分析与考核的实践应用。其次,探讨了建筑工程质量管理的基础、施工质量验收及质量事故处理的策略。随后阐述了建筑工程施工项目风险管理的基础理论、风险规划与识别,以及风险分析与应对措施。最后,介绍了建筑工程项目信息管理系统，并特别强调了 BIM 技术在施工项目管理体系中的应用与实践。本书旨在为建筑行业的专业人士、学者及学生提供一本理论与实践相结合的参考书籍，以促进建筑工程施工与项目管理的科学化、规范化发展。

在撰写本书的过程中，作者深感责任重大，同时也意识到自身知识的局限性。尽管力求内容的全面性和深度，但难免会有疏漏之处。因此，作者在此恳请各位读者不吝赐教，对于书中的不足之处提出宝贵的意见和建议。作者将以开放的心态接受批评与指正，以期不断改进，为建筑工程施工与项目管理的发展贡献绵薄之力。

作 者

2024 年 8 月

目 录

前　言 …………………………………………………………………………… 1

第一章　建筑工程项目管理 …………………………………………………… 1

　　第一节　建筑工程项目管理概述 ……………………………………………… 1

　　第二节　建设工程项目管理程序与制度 ……………………………………… 9

　　第三节　施工项目管理概述 …………………………………………………… 19

第二章　建筑工程合同管理 …………………………………………………… 39

　　第一节　建筑工程合同管理及组织策划 ……………………………………… 39

　　第二节　建筑工程监理合同管理 ……………………………………………… 58

　　第三节　建筑工程勘察合同管理 ……………………………………………… 74

　　第四节　建筑工程设计合同管理 ……………………………………………… 83

第三章　建筑工程成本管理 …………………………………………………… 92

　　第一节　施工项目成本管理基础 ……………………………………………… 92

　　第二节　施工项目成本控制 …………………………………………………… 99

　　第三节　施工项目成本分析与考核 ………………………………………… 107

第四章　建筑工程质量管理 ………………………………………………… 136

　　第一节　建筑工程质量管理基础 …………………………………………… 136

第二节　建筑工程施工质量验收 …………………………………… 150

　　第三节　建筑工程质量事故的处理 …………………………………… 154

第五章　建筑工程施工项目风险管理 …………………………………… 171

　　第一节　建筑工程施工项目风险管理基础 …………………………… 171

　　第二节　建筑工程项目风险规划与识别 ……………………………… 183

　　第三节　建筑工程项目风险分析与应对 ……………………………… 196

第六章　建筑工程项目管理信息化 ………………………………………… 208

　　第一节　建筑工程项目信息管理系统 ………………………………… 208

　　第二节　基于BIM技术的施工项目管理体系 ………………………… 213

　　第三节　建筑施工项目BIM技术管理实践 …………………………… 220

参考文献 ……………………………………………………………………… 230

第一章 建筑工程项目管理

第一节 建筑工程项目管理概述

一、工程项目

项目是指在一定的约束条件下，具有特定的明确目标和完整的组织结构的一次性任务或活动。简单来说，安排一场演出、开发一种新产品、建一幢房子都可以称为一个项目。

建设项目是为了完成依法立项的新建、改建、扩建的各类工程（土木工程、建筑工程及安装工程等）而进行的、有起止日期的、达到规定要求的由一组相互关联的受控活动组成的特定过程，包括策划、勘察、设计、采购、施工、试运行、竣工验收和移交等，有时也简称为项目。

二、工程项目管理

项目管理作为 20 世纪 50 年代发展起来的新领域，现已成为现代管理学的一个重要分支，并越来越受到重视。运用项目管理的知识和经验，可以极大地提高管理人员的工作效率。按照传统的做法，当企业设定了一个项目后，参与这个项目的至少会有几个部门，如财务部门、市场部门、行政部门等。不同部门在运作项目的过程中不可避免地会产生摩擦，须进行协调，而这无疑会增加项目的成本，影响项目实施的效率。项目管理的做法则不同。不同职能部门的成员因为某一个项目而组成团队，项目经理则是项目团队的领导者，他所肩负的责任就是领导他的团队准时、优质地完成全部工作，在不超出预算的情况下实现项目目标。项目的管理者不仅仅是项目的执行者，他还参与项目的需求确定、项目选择、计划直至收尾的全过程，并在时间、成本、质量、风险、合同、采购、人力资源等各个方面对项目进行全方位的管理，因此，项目管理可以帮助企业处理需要跨领域解决的复杂问题，并实现更高的运营效率。

建设工程项目管理是组织运用系统的观点、理论和方法，对建设工程项目进行的计划、组织、指挥、协调和控制等专业化活动。而建筑工程项目管理则是针对建筑工程，在一定约束条件下，以建筑工程项目为对象，以最优实现建筑工程项目目标为目的，以建筑工程项目经理负责制为基础，以建筑工程承包合同为纽带，对建筑工程项目高效率地进行计划、组织、协调、控制和监督等系统的管理活动。

三、建筑工程项目管理的周期

工程项目管理周期，是人们长期在工程建设实践—认识—再实践—再认识的过程中，对理论和实践的高度概括和总结。工程项目周期是指一个工程项目由筹划立项开始，直到项目竣工投产收回投资，达到预期目标的整个过程。

工程项目管理的周期实际上就是工程项目的周期，也就是一个建设项目的建设周期。建筑工程项目管理周期相对工程项目管理周期来讲，面比较窄，但周期是一致的，当然对于不同的主体来讲周期是不同的。如作为项目发包人来说，从整个项目的投资决策到项目报废回收称为全寿命周期的项目管理，而对于项目承包人来说则是合同周期或法律规定的责任周期。

参与建筑工程项目建设管理的各方（管理主体）在工程项目建设中均存在项目管理。项目承包人受业主委托承担建设项目的勘察、设计及施工工作，他们有义务对建筑工程项目进行管理。一些大、中型工程项目，发包人（业主）因缺乏项目管理经验，也可委托项目管理咨询公司代为进行项目管理。

在项目建设中，业主、设计单位和施工项目承包人处于不同的地位，对同一个项目各自承担的任务不同，其项目管理的任务也是不相同的。如在费用控制方面，业主要控制整个项目建设的投资总额，而施工项目承包人考虑的是控制该项目的施工成本；在进度控制方面，业主应控制整个项目的建设进度，而设计单位主要控制设计进度，施工项目承包人控制所承包部分工程的施工进度。

四、工程项目建设管理的主体

在项目管理规范中明确了管理的主体分为项目发包人（简称发包人）和项目承包人（简称承包人）。项目发包人是按合同约定、具有项目发包主体资格和支付合同价款能力的当事人，以及取得该当事人资格的合法继承人。项目承包人是按合同约定、被发包人接受的具有项目承包主体资格的当事人，以及取得该当事人资格的合法继承人。有时承包人也可以作为发包人出现，如在项目分包过程中。

（一）项目发包人

①国家机关等行政部门。

②国内外企业。

③在分包活动中的原承包人。

（二）项目承包人

1. 勘察设计单位

①建筑专业设计院。

②其他设计单位（如林业勘察设计院、铁路勘察设计院、轻工勘察设计院等）。

2. 中介机构

①专业监理咨询机构。

②其他监理咨询机构。

3. 施工企业

①综合性施工企业（总包）。

②专业性施工企业（分包）。

五、建筑工程项目管理的分类

在建筑工程项目实施过程中，每个参与单位依据合同或多或少地进行项目管理，这里的分类则是按项目管理的侧重点来分的。建筑工程项目管理按管理的责任可以划分为咨询公司（项目管理公司）的项目管理、工程项目总承包方的项目管理、施工方的项目管理、业主方的项目管理、设计方的项目管理、供应商的项目管理以及建设管理部门的项目管理。在我国，目前还有采用工程指挥部代替有关部门进行的项目管理。

在工程项目建设的不同阶段，参与工程项目建设各方的管理内容及重点各不相同。在设计阶段的工程项目管理分为项目发包人的设计管理和设计单位的设计管理两种；在施工阶段的工程管理则主要分为业主的工程项目管理、承包商的工程项目管理、监理工程师的工程项目管理。下面对工程项目管理实践中最常见的管理类型进行介绍。

（一）工程项目总承包方的项目管理

业主在项目决策后，通过招标择优选定总承包商，全面负责建设工程项目的实施全过程，直至最终交付使用功能和质量符合合同文件规定的工程项目。因此，总承包方的项目管理是贯穿于项目实施全过程的全面管理，既包括设计阶段也包括施工安装阶段，以实现其承建工程项目的经营方针和项目管理的目标，取得预期的经营效益。显然，总承包方必须在合同条件的约束下，依靠自身的技术和管理优势，通过优化设计及施工方案，在规定的时间内，保质保量并且安全地完成工程项目的承建任务。从交易的角度看，项目业主是买方，总承包单位是卖方，因此两者的地位和利益追求是不同的。

（二）施工方（承包人）项目管理

项目承包人通过工程施工投标取得工程施工承包合同，并以施工合同所界定的工程范围组织项目管理，简称施工项目管理。从完整的意义上说，这种施工项目应该指施工总承包的完整工程项目，包括其中的土建工程施工和建筑设备工程施工安装，最终成果能形成独立使用功能的建筑产品。然而从工程项目系统分析的角度，分项工程、分部工程也是构成工程项目的子系统。按子系统定义项目，既有其特定的约束条件和目标要求，而且也是一次性的任务。

因此，工程项目按专业、部位分解发包的情况，承包方仍然可以按承包合同界定的局部施工任务作为项目管理的对象，这就是广义的施工企业的项目管理。

六、建筑工程项目管理的基本内容

建设工程项目管理的基本内容应包括编制项目管理规划大纲和项目管理实施规划、项目组织管理、项目进度管理、项目质量管理、项目职业健康安全管理、项目环境管理、项目成本管理、项目采购管理、项目合同管理、项目资源管理、项目信息管理、项目风险管理、项目沟通管理、项目收尾管理。

建筑工程项目是最常见、最典型的工程项目类型，建筑工程项目管理是项目管理在建筑工程项目中的具体应用。建筑工程项目管理是根据各项目管理主体的任务对以上各内容的细分。承包商的项目管理是对所承担的施工项目目标进行的策划、控制和协调，项目管理的任务主要集中在施工阶段，也可以向前延伸到设计阶段，向后延伸到动工前准备阶段和保修阶段。

（一）施工方项目管理的内容

为了实现施工项目各阶段目标和最终目标，承包商必须加强施工项目管理工作。在投标、签订工程承包合同以后，施工项目管理的主体，便是以施工项目经理为首的项目经理部（即项目管理层）。管理的客体是具体的施工对象、施工活动及相关的劳动要素。

管理的内容包括：建立施工项目管理组织，进行施工项目管理规划，进行施工项目的目标控制，对施工项目劳动要素进行优化配置和动态管理，施工项目的组织协调，施工项目的合同管理、信息管理以及施工项目管理总结等。现将上述各项内容简述如下：

1. 建立施工项目管理组织

由企业采用适当的方式选聘称职的施工项目经理；根据施工项目组织原则，选用适当的组织形式，组建施工项目管理机构，明确责任、权限和义务；在遵守企业规章制度的前提下，根据施工项目管理的需要，制订施工项目管理制度。

2. 进行施工项目管理规划

施工项目管理规划是对施工项目管理组织、内容、方法、步骤、重点进行预测和决策，作出具体安排的纲领性文件。施工项目管理规划的内容主要有：

①进行工程项目分解，形成施工对象分解体系，以便确定阶段性控制目标，从局部到整体进行施工活动和施工项目管理。

②建立施工项目管理工作体系，绘制施工项目管理工作体系图和施工项目管理工作信息流程图。

③编制施工管理规划，确定管理点，形成文件，以便于执行。这个文件类似于施工组织设计。

3. 进行施工项目的目标控制

施工项目的目标有阶段性目标和最终目标。实现各项目标是施工项目管理的目的，所以应当坚持以控制论原理和理论为指导，进行全过程的科学控制。施工项目的控制目标包括进度控制目标、质量控制目标、成本控制目标和安全控制目标。

由于在施工项目目标的控制过程中会不断受到各种客观因素的干扰，各种风险因素都有可能发生，故应通过组织协调和风险管理对施工项目目标进行动态控制。

4. 劳动要素管理和施工现场管理

施工项目的劳动要素是施工项目目标得以实现的保证，主要包括劳动力、材料、机械设备、资金和技术。施工现场的管理对于节约材料、节省投资、保证施工进度、创建文明工地等方面都至关重要。

这部分的主要内容有：

①分析各劳动要素的特点。按照一定的原则、方法对施工项目劳动要素进行优化配置，并对配置状况进行评价。

②对施工项目的各劳动要素进行动态管理。进行施工现场平面图设计，做好现场调度与管理。

5．施工项目的组织协调

组织协调为目标控制服务，其内容包括人际关系协调、组织关系协调、配合关系协调、供求关系协调、约束关系协调。

6．施工项目的合同管理

由于施工项目管理是在市场条件下进行的特殊交易活动的管理，这种交易活动从招标、投标工作开始，并持续于项目管理的全过程，因此必须依法签订合同，进行履约经营。合同管理体制的好坏直接涉及项目管理及工程施工的技术经济效果和目标实现。因此要从招标、投标开始，加强工程承包合同的签订、履行管理。合同管理是一项执法、守法活动，市场有国内市场和国际市场，因此合同管理势必涉及国内和国际上有关法规和合同文本、合同条件，在合同管理中应予以高度重视。为了取得经济效益，还必须注意重视工程索赔，讲究方法和技巧，为获取索赔提供充分的证据。

7．施工项目的信息管理

现代化管理要依靠信息。施工项目管理是一项复杂的现代化管理活动。进行施工项目管理、施工项目目标控制、动态管理，必须依靠信息管理，而信息管理又要依靠电子计算机进行辅助。

8．施工项目管理总结

从管理的循环来说，管理的总结阶段既是对管理计划、执行、检查阶段经验和问题的提炼，又是进行新的管理所需信息的来源，其经验可作为新的管理标准和制度，其问题有待于下一循环管理阶段予以解决。施工项目管理由于其一次性特点，更应注意总结，依靠总结不断提高管理水平，丰富和发展工程项目管理学科。

（二）业主方项目管理（建设监理）

业主方的项目管理是全过程、全方位的，包括项目实施阶段的各个环节，主要有组织协调，合同管理，信息管理，投资、质量、进度、安全四大目标控制，人们把它们通俗地概括为"一协调二管理四控制"。

由于工程项目的实施是一次性任务，因此，业主方自行进行项目管理往往具有很大的局限性。首先在技术和管理方面，缺乏配套的力量，即使配备了管理班子，没有连续的工程任务也是不经济的。在计划经济体制下，每个项目发包人都建立了一个筹建处或基建处来负责工程建设，这不符合市场经济条件下资源的优化配置和动态管理，而且也不利于建设经验的积累和应用。因此，在市场经济体制下，工程项目业主完全可以依靠发达的咨询业为其提供项目管理服务，这就是建设监理。监理单位接受工程业主的委托，提供全过程监理服务。由于建设监理的性质是属于智力密集型的咨询服务，因此，它可以向前延伸到项目投资决策阶段，包括立项和可行性研究等。这是建设监理和项目管理在时间范围、实施主体和所处地位、任务目标等方面的不同之处。

（三）项目相关方管理

1. 设计方项目管理

设计单位受业主委托承担工程项目的设计任务，以设计合同所界定的工作目标及其责任义务作为该项工程设计管理的对象、内容和条件，通常简称设计项目管理。设计项目管理也就是设计单位对履行工程设计合同和实现设计单位经营方针目标而进行的设计管理。尽管其地位、作用和利益追求与项目业主不同，但它也是建设工程设计阶段项目管理的重要方面。

只有通过设计合同，依靠设计方的自主项目管理，才能贯彻业主的建设意图和实施设计阶段的投资、质量和进度控制。

2. 供货方的项目管理

从建设项目管理的系统分析角度来看，建设物资供应工作也是工程项目实施的一个子系统，它有明确的任务和目标，明确的制约条件以及项目实施子系统的内在联系。因此，制造厂、供应商同样可以将加工生产制造和供应合同所界定的任务，作为项目进行目标管理和控制，以适应建设项目总目标控制的要求。

3. 建设管理部门的项目管理

建设管理部门的项目管理就是对项目实施的可行性、合法性、政策性、方向性、规范性、计划性进行监督管理。

第二节 建设工程项目管理程序与制度

一、建设项目的建设程序

建设项目的建设程序，是指建设项目建设全过程中各项工作必须遵循的先后顺序。建设程序是指建设项目从设想、选择、评估、决策、设计、施工到竣工验收、投入生产整个建设过程中，各项工作必须遵循的先后次序的法则。按照建设项目发展的内在联系和发展过程，建设程序分成若干阶段，这些发展阶段有严格的先后次序，不能任意颠倒，否则就违反了它的发展规律。

目前，我国基本建设程序的内容和步骤主要有前期工作阶段（主要包括项目建议书、可行性研究、设计工作）、建设实施阶段（主要包括施工准备、建设实施）、竣工验收阶段和后评价阶段。每一阶段都包含着许多环节和内容。

（一）前期工作阶段

1. 项目建议书

项目建议书是要求建设某一具体项目的建议文件，是基本建设程序中最初阶段的工作，是投资决策前对拟建项目的轮廓设想。项目建议书的主要作用是推荐一个拟进行建设项目的初步说明，论述它建设的必要性、条件的可行性和获得的可能性，供基本建设管理部门选择并确定是否进行下一步工作。

项目建议书报经有审批权限的部门批准后，可以进行可行性研究工作，但这并不表明项目非上不可，项目建议书不是项目的最终决策。

项目建议书的审批程序：项目建议书首先由项目建设单位通过其主管部

门报行业归口主管部门和当地发展计划部门（其中工业技改项目报经贸部门），由行业归口主管部门提出项目审查意见（着重从资金来源、建设布局、资源合理利用、经济合理性、技术可行性等方面进行初审），发展计划部门参考行业归口主管部门的意见，并根据国家规定的分级审批权限负责审批、报批。凡行业归口主管部门初审未通过的项目，发展计划部门不予审批、报批。

2. 可行性研究

可行性研究阶段包括以下三项主要工作：

（1）可行性研究

项目建议书一经批准，即可着手进行可行性研究。可行性研究是指在项目决策前，通过对项目有关的工程、技术、经济等各方面条件和情况进行调查、研究、分析，对各种可能的建设方案和技术方案进行比较论证，并对项目建成后的经济效益进行预测和评价的一种科学分析方法，由此考查项目技术上的先进性和适用性，经济上的盈利性和合理性，建设的可能性和可行性。可行性研究是项目前期工作最重要的内容，它从项目建设和生产经营的全过程考察分析项目的可行性，其目的是回答项目是否有必要建设，是否可能实施建设和如何进行建设的问题，其结论可为投资者的最终决策提供直接的依据。因此，凡大中型项目以及国家有要求的项目，都要进行可行性研究，其他项目有条件的也要进行可行性研究。

（2）可行性研究报告的编制

可行性研究报告是确定建设项目、编制设计文件和项目最终决策的重要依据，要求必须有相当的深度和准确性。承担可行性研究工作的单位必须是经过资格审定的规划、设计和工程咨询单位，要有承担相应项目的资质。

（3）可行性研究报告的审批

可行性研究报告经评估后按项目审批权限由各级审批部门进行审批。其中大中型和限额以上项目的可行性研究报告要逐级报送国家发展和改革委员会审批；同时要委托有资格的工程咨询公司进行评估。小型项目和限额以下项目，一般由省级发展计划部门、行业归口管理部门审批。受省级发展计划部门、行业主管部门的授权或委托，地区发展计划部门可以对授权或委托权限内的项目进行审批。可行性研究报告批准后即国家同意该项目进行建设，一般先列入预备项目计划。列入预备项目计划并不等于列入年度计划，何时列入年度计划，要根据其前期工作进展情况、国家宏观经济政策和对财力、物力等因素进行综合平衡后再决定。

3. 设计工作

一般建设项目（包括工业、民用建筑、城市基础设施、水利工程、道路工程等），设计过程划分为初步设计和施工图设计两个阶段。对技术复杂而又缺乏经验的项目，可根据不同行业的特点和需要，增加技术设计阶段。对一些水利枢纽、农业综合开发、林区综合开发项目，为解决总体部署和开发问题，还须进行规划设计或编制总体规划，规划审批后编制符合规定深度要求的实施方案。

（1）初步设计（基础设计）

初步设计的内容依项目的类型不同而有所变化。一般来说，它是项目的宏观设计，即项目的总体设计、布局设计、主要的工艺流程、设备的选型和安装设计、土建工程量及费用的估算等。初步设计文件应当满足编制施工招标文件、主要设备材料订货和编制施工图设计文件的需要，是下一阶段施工图设计的基础。

初步设计（包括项目概算）根据审批权限，由发展计划部门委托投资项目评审中心组织专家审查通过后，按照项目实际情况，由发展计划部门或会同其他有关行业主管部门审批。

（2）施工图设计（详细设计）

施工图设计的主要内容是根据批准的初步设计，绘制出正确、完整和尽可能详细的建筑、安装图纸。施工图设计完成后，必须由施工图设计审查单位审查并加盖审查专用章后才能使用。审查单位必须是取得审查资格，且具有审查权限要求的设计咨询单位。经审查的施工图设计还必须经有权审批的部门进行审批。

（二）建设实施阶段

1. 施工准备

施工准备主要包括以下两个项目的准备：

（1）建设开工前的准备

主要内容包括征地、拆迁和场地平整；完成施工用水、电、路等工程；组织设备、材料订货；准备必要的施工图纸；组织招标投标（包括监理、施工、设备采购、设备安装等方面的招标投标），并择优选择施工单位，签订施工合同。

（2）项目开工审批

建设单位在工程建设项目可行性研究报告批准，建设资金已经落实，各项准备工作就绪后，应当向当地建设行政主管部门或项目主管部门及其授权机构申请项目开工审批。

2. 建设实施

建设实施包括以下三个关键环节：

（1）项目开工建设时间

开工许可审批之后即进入项目建设施工阶段。开工之日按统计部门规定是指建设项目设计文件中规定的任何一项永久性工程（无论生产性或非生产性）第一次正式破土开槽开始施工的日期。公路、水库等需要进行大量土、石方工程的，以开始进行土方、石方工程的日期作为正式开工日期。

（2）年度基本建设投资额

国家基本建设计划使用的投资额指标，是以货币形式表现的基本建设工作，是反映一定时期内基本建设规模的综合性指标。年度基本建设投资额是建设项目当年实际完成的工作量，包括用当年资金完成的工作量和动用库存的材料、设备等内部资源完成的工作量；而财务拨款是当年基本建设项目实际的货币支出。投资额以构成工程实体为准，财务拨款以资金拨付为准。

（3）生产或使用准备

生产准备是生产性施工项目投产前所要进行的一项重要工作。它是基本建设程序中的重要环节，是衔接基本建设和生产的桥梁，是建设阶段转入生产经营的必要条件。使用准备是非生产性施工项目正式投入运营使用所要进行的工作。

（三）竣工验收阶段

1. 竣工验收的范围

根据国家规定，所有建设项目按照上级批准的设计文件所规定的内容和施工图纸的要求全部建成，工业项目经负荷试运转和试生产考核能够生产合格产品，非工业项目符合设计要求，能够正常使用且都要及时组织验收。

2. 竣工验收的依据

按国家现行规定，竣工验收的依据是经过上级审批机关批准的可行性研究报告、初步设计或扩大初步设计（技术设计）、施工图纸和说明、设备技术说明书、招标投标文件和工程承包合同、施工过程中的设计修改签证、现行的施工技术验收标准及规范以及主管部门有关审批、修改、调整文件等。

3. 竣工验收的准备

竣工验收准备主要有四个方面的工作。

①整理技术资料。各有关单位（包括设计、施工单位）应将技术资料进行系统整理，由建设单位分类立卷，交生产单位或使用单位统一保管。技术资料主要包括土建方面、安装方面、各种有关的文件、合同和试生产的情况报告等。

②绘制竣工图纸。竣工图必须准确、完整，符合归档要求。

③编制竣工决算。建设单位必须及时清理所有财产、物资和未花完或应收的资金，编制工程竣工决算，分析预（概）算执行情况，考核投资效益，报规定的财政部门审查。

④必须提供的资料文件。一般的非生产项目的验收要提供以下文件资料：项目的审批文件、竣工验收申请报告、工程决算报告、工程质量检查报告、工程质量评估报告、工程质量监督报告、工程竣工财务决算批复、工程竣工审计报告、其他需要提供的资料。

4. 竣工验收的程序和组织

按国家现行规定，建设项目的验收根据项目的规模大小和复杂程度可分为初步验收和竣工验收两个阶段进行。规模较大、较复杂的建设项目应先进行初验,然后进行全部建设项目的竣工验收。规模较小、较简单的项目,可以一次进行全部项目的竣工验收。

建设项目全部完成,经过各单项工程的验收,符合设计要求,并具备竣工图表、竣工决算、工程总结等必要文件资料,由项目主管部门或建设单位向负责验收的单位提交竣工验收申请报告。竣工验收组织要根据建设项目的重要性、规模大小和隶属关系而定,大中型和限额以上基本建设和技术改造项目,由我国发展和改革委员会或由发展和改革委员会委托项目主管部门、地方政府部门组织验收,小型项目和限额以下基本建设和技术改造项目由项目主管部门和地方政府部门组织验收。竣工验收要根据工程规模的大小和复杂程度组成验收委员会或验收组。验收委员会或验收组负责审查工程建设的各个环节,听取各有关单位的工作总结汇报,审阅工程档案并实地查验建筑工程和设备安装,并对工程设计、施工和设备质量等方面作出全面评价。不合格的工程不予验收;对遗留问题提出具体解决意见,限期落实完成。最后经验收委员会或验收组一致通过,形成验收鉴定意见书。验收鉴定意见书由验收会议的组织单位印发各有关单位执行。

生产性项目验收根据行业的不同有不同的规定。工业、农业、林业、水利及其他特殊行业,要按照国家相关的法律、法规及规定执行。上述程序只是反映项目建设共同的规律性程序,不可能完全反映各行业的差异性。因此,在建设实践中,还要结合行业项目的特点和条件,有效地去贯彻执行基本建设程序。

(四)后评价阶段

建设项目后评价是工程项目竣工投产、生产运营一段时间后,再对项目的立项决策、设计施工、竣工投产、生产运营等全过程进行系统评价的一种技术经济活动。通过建设项目后评价以达到肯定成绩、总结经验、研究问题、吸取教训、提出建议、改进工作、不断提高项目决策水平和投资效果的目的。

我国目前开展的建设项目后评价一般都按三个层次组织实施,即项目单位的自我评价、项目所在行业的评价和各级发展计划部门（或主要投资方）的评价。

二、建筑工程施工程序

施工程序，是指项目承包人从承接工程业务到工程竣工验收一系列工作必须遵循的先后顺序，是建设项目建设程序中的一个阶段。它可以分为承接业务签订合同、施工准备、正式施工和竣工验收四个阶段。

（一）承接业务签订合同

项目承包人承接业务的方式有三种：国家级或主管部门直接下达；受项目发包人委托而承接；通过投标中标而承接。不论采用哪种方式承接业务，项目承包人都要检查项目的合法性。

承接施工任务后，项目发包人与项目承包人应根据《中华人民共和国民法典》（简称《民法典》）和《中华人民共和国招标投标法》（简称《招标投标法》）的有关规定及要求签订施工合同。施工合同应规定承包的内容、要求、工期、质量、造价及材料供应等，明确合同双方应承担的义务和职责以及应完成的施工准备工作（土地征购、申请施工用地、施工许可证、拆除障碍物、接通场外水源、电源、道路等内容）。施工合同经双方负责人签字后具有法律效力，必须共同履行。

（二）施工准备

施工合同签订以后，项目承包人应全面了解工程性质、规模、特点及工期要求等，进行场址勘察、技术经济和社会调查，收集有关资料，编制施工组织总设计。施工组织总设计经批准后，项目承包人应组织先遣人员进入施工现场，与项目发包人密切配合，共同做好各项开工前的准备工作，为顺利开工创造条件。根据施工组织总设计的规划，对首批施工的各单位工程，应抓紧落实各项施工准备工作。如图纸会审，编制单位工程施工组织设计方案，落实劳动力、材料、构件、施工机具及现场"三通一平"等。具备开工条件后，提出开工报告并经审查批准，即可正式开工。

（三）正式施工

施工过程是施工程序中的主要阶段，应从整个施工现场的全局出发，按照施工组织设计，精心组织施工，加强各单位、各部门的配合与协作，协调解决各方面问题，使施工活动顺利开展。

在施工过程中，应加强技术、材料、质量、安全、进度等各项管理工作，落实项目承包人项目经理负责制及经济责任制，全面做好各项经济核算与管理工作，严格执行各项技术、质量检验制度，抓紧工程收尾和竣工工作。

（四）进行工程验收，交付生产使用

这是施工的最后阶段。在交工验收前，项目承包人内部应先进行预验收，检查各分部分项工程的施工质量，整理各项交工验收的技术经济资料。在此基础上，由项目发包人组织竣工验收，经相关部门验收合格后，到主管部门备案，办理验收签证书，并交付使用。

三、建设项目管理制度

（一）建设项目法人责任制

改革开放以来，我国先后试行了各种形式的投资项目责任制度，但是，责任主体、责任范围、目标和权益、风险承担方式等都不明确。为了改变这种状况，建立投资责任约束机制，规范项目法人行为，明确其责、权、利，提高投资效益，依照《中华人民共和国公司法》（简称《公司法》），原国家计划委员会于1996年1月制定颁发了《关于实行建设项目法人责任制的暂行规定》（简称《规定》）。根据《规定》要求，国有单位经营性基本建设大中型项目必须组建项目法人，实行项目法人责任制。《规定》明确了项目法人的设立、组织形式和职责、任职条件和任免程序及考核和奖惩等要求。为了建立投资约束机制，规范建设单位的行为，建设工程应当按照政企分开的原则组建项目法人，实行项目法人责任制，即由项目法人对项目的策划、资金筹措、建设实施、生产经营、债务偿还和资产的保值增值，实行全过程负责的制度。

（二）项目管理责任制度

项目管理责任制度应作为项目管理的基本制度之一。项目管理机构负责人制度应是项目管理责任制度的核心内容。项目管理机构负责人应取得相应的资格，并按规定取得安全生产考核合格证书，应根据法定代表人的授权范围、期限和内容，对项目实施全过程及全面管理。

项目建设相关责任方应在各自的实施阶段和环节，明确工作责任，实施目标管理，确保项目正常运行。项目管理机构负责人应按规定接受相关部门的责任追究和监督管理，在工程开工前签署质量承诺书，并报相关工程管理机构备案。项目各相关责任方应建立协同工作机制，宜采用例会、交底及其他沟通方式，避免项目运行中的障碍和冲突。建设单位应建立管理责任排查机制，按项目进度和时间节点，对各方的管理绩效进行验证性评价。

（三）建设项目承发包制度

建筑工程承发包方式又称"工程承发包方式"，是指建筑工程承发包双方之间经济关系的形式，交易双方为项目业主和承包商，双方签订承包合同，明确双方各自的权利与义务，承包商为业主完成工程项目的全部或部分项目建设任务，并从项目业主处获取相应的报酬。建筑工程承发包制度是我国建筑经济活动中的一项基本制度。

按承发包中相互结合的关系，可分为总承包、分承包、独家承包、联合承包等。总承包，也称"总包"，是指由一个施工单位全部、全过程承包一个建筑工程的承包方式；分包，也称"二包"，是指总包单位将总包工程中若干专业性工程项目分包给专业施工企业施工的方式；独家承包，指承包单位必须依靠自身力量完成施工任务，而不实行分包的承包方式；联合承包，是指由两个以上承包单位联合向发包单位承包一项建筑工程，由参加联合的各单位统一与发包单位签订承包合同，共同对发包单位负责的承包方式。

（四）建设项目招投标制度

建设工程招标投标是建设单位对拟建的建设工程项目通过法定程序和方法吸引承包单位进行公平竞争，并从中选择条件优越者来完成建设工程任务的行为。

建筑工程招标，是指建筑单位（业主）就拟建的工程发布通告，用法定方式吸引建筑项目的承包单位参加竞争，进而通过法定程序从中选择条件优越者来完成工程建设任务的一种法律行为。

建筑工程投标，是指经过特定审查而获得投标资格的建筑项目承包单位，按照招标文件的要求，在规定的时间内向招标单位填报投标书，争取中标的法律行为。

工程招投标制度也称为工程招标承包制，它是指在市场经济条件下，采用招投标的方式以实现工程承包的一种工程管理制度。工程招投标制的建立与实行是对计划经济条件下单纯运用行政办法分配建设任务的一项重大改革措施，是保护市场竞争、反对市场垄断和发展市场经济的一个重要标志。

《中华人民共和国招标投标法》规定，招标分为公开招标和邀请招标。招标投标活动应当遵循公开、公平、公正和诚实信用的原则。建设工程招标的基本程序主要包括落实招标条件、委托招标代理机构、编制招标文件、发布招标公告或投标邀请书、资格审查、开标、评标、中标和签订合同等。一般来说，招标投标须经过招标、投标、开标、评标与定标等程序。

（五）建设项目合同制度

建筑工程项目管理组织应建立项目合同管理制度，明确合同管理责任，设立专门机构或人员负责合同管理工作；组织应配备符合要求的项目合同管理人员，实施合同的策划和编制活动，规范项目合同管理的实施程序和控制要求，确保合同订立和履行过程的合规性；严禁通过违法发包、转包、违法分包、挂靠的方式订立和实施建设工程合同。

项目合同管理应遵循下列程序：合同评审—合同订立—合同实施计划—合同实施控制—合同管理总结。

（六）建设工程监理制度

建设工程监理又称工程建设监理，在国际上属于业主项目管理的范畴。《工程建设监理规定》自1996年1月1日起实施。《工程建设监理规定》第3条明确提出：建设工程监理是指监理单位受项目法人的委托，依据国家批准的工程项目建设文件、有关工程建设的法律、法规和工程建设监理合同及其他工程建设合同，对工程建设实施的监督管理。建设工程监理可以是建设工程项目活动的全过程监理，也可以是建设工程项目某一实施阶段的监理，如设计阶段监理、施工阶段监理等。我国目前应用最多的是施工阶段监理。

建设工程监理制度工作内容主要包括三控制、三管理与一协调。三控制包括的内容为投资控制、进度控制、质量控制;三管理为合同管理、安全管理和风险管理;一协调主要指的是施工阶段项目监理机构的组织协调工作。

1. 三控制

三控制包括投资控制、进度控制、质量控制。

2. 三管理

三管理包括合同管理、安全管理、风险管理。

3. 一协调

一协调主要指的是施工阶段项目监理机构的组织协调工作。

工程项目建设是一项复杂的系统工程。在系统中活跃着建设单位、承包单位、勘察实际单位、监理单位、政府行政主管部门以及与工程建设有关的其他单位。

在系统中监理单位具备最佳的组织协调能力。主要原因是:监理单位是建设单位委托并授权的,是施工现场唯一的管理者,代表建设单位,并根据委托监理合同及有关法律、法规授予的权利,对整个工程项目的实施过程进行监督并管理。监理人员都是经过考核的专业人员,它们有技术,会管理,懂经济,通法律,一般要比建设单位的管理人员有着更高的管理水平、管理能力和监理经验,能确保工程项目建设过程的有效运行。监理单位对工程建设项目进行监督与管理,并根据有关法律、法规,使自己拥有特定的权利。

第三节 施工项目管理概述

一、施工项目管理的全过程目标管理

施工项目管理的对象是施工项目寿命周期各阶段的工作。广义的施工项目是指从投标、签约开始到工程施工完成后的服务为止的整个过程。它与狭义的施工项目不同。狭义的施工项目管理是指从项目签约后开始到验收、结

算、交工时为止的一段过程。这里所提到的施工项目是指广义的施工项目管理过程。施工项目寿命周期可分为五个阶段，这五个阶段构成了施工项目有序管理的全过程。

（一）投标、签约阶段

业主单位对建设项目进行设计和建设准备，具备了招标条件以后，便发出广告（或邀请函），施工单位见到招标广告或邀请函后，从作出投标决策至中标签约，实质上便是在进行准备，具备招标条件以后发出广告（或邀请函），施工单位见到招标广告（或邀请函）后，从作出投标决策至中标签约，实质上便是在进行施工项目的工作。这是施工项目寿命周期的第一阶段，可称为立项阶段。本阶段最终的管理目标是签订工程承包合同。

这一阶段主要进行以下工作：建筑施工企业从经营战略的高度作出是否投标争取承包该项目的决策。决定投标后，从多方面（企业自身、相关单位、市场、现场等）掌握大量信息，编制既能使企业盈利，又有利可望中标的投标书。如果中标，则与招标方进行谈判，依法签订工程承包合同，使合同符合国家法律、法规和国家计划，符合平等互利、等价有偿的原则。

（二）施工准备阶段

施工单位与业主单位签订了工程承包合同后，便应组建项目经理部，然后以项目经理为主，与企业经营层和管理层、业主单位进行配合，进行施工准备，使工程具备开工和连续施工的基本条件。

这一阶段主要进行以下工作：成立项目经理部，根据工程管理的需要建立机构，配备管理人员。编制施工组织设计，主要是施工方案、施工进度计划和施工平面图，以指导施工项目管理活动。进行施工现场准备，使现场具备施工条件，利于进行文明施工。编写开工申请报告，待批开工。

（三）施工阶段

这是一个自开工至竣工的实施过程。在这一过程中，项目经理部既是决策机构，又是责任机构。经营管理层、业主单位、监理单位的作用是支持、监督与协调。这一阶段的目标是完成合同规定的全部施工任务，以达到验收、交工的标准。

这一阶段主要进行以下工作：按施工组织设计的安排进行施工；在施工中努力做好动态控制工作，保证质量目标、进度目标、造价目标、安全目标、节约目标的实现；管好施工现场，实行文明施工；严格履行工程承包合同，处理好内外关系，管好合同变更及索赔；做好记录、协调、检查、分析工作。

（四）验收、交工与结算阶段

这一阶段可称作"结束阶段"，与建设项目的竣工验收阶段协调同步进行。其目标是对项目成果进行总结、评价，对外结清债务，结束交易关系。

本阶段主要进行以下工作：工程收尾，进行试运转。在预检的基础上接受正式验收整理、移交竣工文件，进行财务结算，总结工作，编制竣工总结报告，办理工程交付手续。项目经理部解体。

（五）用户服务阶段

用户服务阶段是施工项目管理的最后阶段。在交工验收后，按合同规定的责任期进行用后服务、回访与保修，其目的是保证使用单位正常使用，发挥效益。在该阶段中主要进行以下工作：为保证工程正常使用而作必要的技术咨询和服务。进行工程回访，听取使用单位意见，总结经验教训，观察使用中的问题，进行必要的维护、维修和保修。进行沉陷、抗震性能等观察，以服务于宏观事业。

二、施工组织设计

（一）施工组织设计的分类和主要内容

施工组织设计分为投标前的施工组织设计（简称"标前设计"）和投标后的施工组织设计（简称"标后设计"）。前者满足编制投标书和签订施工合同的需要，后者满足施工准备和施工的需要。标后设计又可根据设计阶段和编制对象的不同，划分为施工组织总设计、单位工程施工组织设计和分部（分工种）工程施工组织设计。

1. 标前设计的内容

施工单位为了使投标书具有竞争力以实现中标，必须编制标前设计，对投标书所要求的内容进行筹划和决策,并附入投标文件之中。标前设计的水平既是能否中标的关键因素,又是总包单位进行分包招标和分包单位编制投标书的重要依据。它还是承包单位进行合同谈判、提出要约和进行承诺的根据和理由,是拟定合同文本中相关条款的基础资料。它应由经营管理层进行编制,其内容应包括:

①施工方案。包括施工方法选择,施工机械选用。劳动力、主要材料、半成品的投入量。

②施工进度计划。包括工程开工日期、竣工日期、施工进度控制图及说明。

③主要技术组织措施。包括保证质量,保证安全,保证进度,防治环境污染等方面的技术组织措施。

④施工平面图。包括施工用水量和用电量的计算,临时设施用量、费用计算和现场布置等。

⑤其他有关投标和签约谈判需要的设计。

2. 施工组织总设计

施工组织总设计是以整个建设项目或群体项目为对象编制的,是整个建设项目或群体工程施工的全局性、指导性文件。

(1) 施工组织总设计的主要作用

施工组织总设计的主要作用是为施工单位进行全场性施工准备工作和组织物资、技术供应提供依据;它还可用来确定设计方案施工的可能性和经济合理性,为建设单位和施工单位编制计划提供依据。

(2) 施工组织总设计的内容和深度

施工组织总设计的深度应视工程的性质、规模、结构特征、施工复杂程度、工期要求、建设地区的自然和经济条件而有所不同,原则上应突出"规划性"和"控制性"的特点,其主要内容如下:

①施工部署和施工方案。主要有施工项目经理部的组建,施工任务的组织分工和安排,重要单位工程施工方案,主要工种工程的施工方法,"七通一平"规划。

②施工准备工作计划。主要有测量控制网的确定和设置，土地征用，居民迁移，障碍物拆除，掌握设计进度和设计意图，编制施工组织设计，研究采用有关新技术、新材料、新设备、技术组织措施，进行科研试验，大型临时设施规划，施工用水、电、路及场地平整工作的安排、技术培训、物资和机具的申请和准备等。

③各项需要量计划。包括劳动力需要量计划，主要材料与加工品需用量计划和运输计划，主要机具需用量计划，大型临时设施建设计划等。

④施工总进度计划。应编制施工总进度图表或网络计划，用以控制工期，控制各单位工程的搭接关系和持续时间，为编制施工准备工作计划和各项需要量计划提供依据。

⑤施工总平面图。对施工所需的各项设施、这些设施的现场位置、相互之间的关系，它们和永久性建筑物之间的关系和布置等，进行规划和部署，绘制成布局合理、使用方便、利于节约、保证安全的施工总平面布置图。

⑥技术经济指标分析。用以评价上述设计的技术经济效果，并作为今后考核的依据。

3. 单位工程施工组织设计

单位工程施工组织设计是具体指导施工的文件，是施工组织总设计的具体化，也是建筑企业编制月旬作业计划的基础。它是以单位工程或一个交工系统为对象来编制的。

(1) 单位工程施工组织设计的作用

单位工程施工组织设计是以单位工程为对象编制的用以指导单位工程施工准备和现场施工的全局性技术经济文件。其主要作用有以下几点：

①贯彻施工组织总设计，具体实施施工组织总设计时该单位工程的规划精神。

②编制该工程的施工方案，选择其施工方法、施工机械，确定施工顺序，提出实现质量、进度、成本和安全目标的具体措施，为施工项目管理提出技术和组织方面的指导性意见。

③编制施工进度计划，落实施工顺序、搭接关系、各分部分项工程的施

工时间、实现工期目标，为施工单位编制作业计划提供依据。

④计算各种物资，机械、劳动力的需要量，安排供应计划，从而保证进度计划的实现。

⑤对单位工程的施工现场进行合理设计和布置，统筹合理利用空间。

⑥具体规划作业条件方面的施工准备工作。

总之，通过单位工程施工组织设计的编制和实施，可以在施工方法、人力、材料、机械、资金、时间、空间等方面进行科学合理的规划，使施工在一定的时间、空间和资源供应条件下，有组织、有计划、有秩序地进行，实现质量好、工期短、消耗少、资金省、成本低的良好效果。

（2）单位工程施工组织设计的内容

与施工组织总设计类似，单位工程施工组织设计应包括以下主要内容：

①工程概况。工程概况包括工程特点、建设地点特征、施工条件三个方面。

②施工方案。施工方案的内容包括确定施工程序和施工流向、划分施工段、主要分部分项工程施工方法的选择和施工机械选择、技术组织措施。

③施工进度计划。包括确定施工顺序、划分施工项目、计算工程量、劳动量和机械台班量、确定各施工过程的持续时间并绘制进度计划图。

④施工准备工作计划。包括技术准备、现场准备、劳动力、机具、材料、构件、加工半成品的准备等。

⑤编制各项需用量计划。包括材料需用量计划、劳动力需用量计划、构件、加工半成品需用量计划、施工机具需用量计划。

⑥施工平面图。表明单位工程施工所需施工机械、加工场地、材料、构件等的放置场地及临时设施在施工现场合理布置的图形。

⑦技术经济指标。以上单位施工组织设计内容中，以施工方案、施工进度计划和施工平面图三项最为关键，它们分别规划单位工程施工的技术、时间、空间三个要素，在设计中，应下大力气进行研究和筹划。

4.分部（分工种）工程施工组织设计

编制对象是难度较大、技术复杂的分部（分工种）工程或新技术项目，用来具体指导这些工程的施工。主要内容包括施工方案、进度计划、技术组织措施等。

不论是哪一类施工组织设计，其内容都相当广泛，编制任务量很大。为了使施工组织设计编制得及时、适用，必须抓住重点，突出"组织"二字，对施工中的人力、物力和方法，时间与空间、需要与可能，局部与整体，阶段与全过程，前方和后方等给予周密的安排。

（二）编制施工组织设计的基本要求

1. 严格遵守国家和合同规定的工程竣工及交付使用期限

总工期较长的大型建设项目，应根据生产的需要，安排分期分批建设，配套投产或交付使用，从实质上缩短工期，尽早发挥国家建设投资的经济效益。

在确定分期分批施工的项目时，必须注意使每期交工的一套项目可以独立发挥效用，使主要项目同有关附属辅助项目同时完工，以便完工后可以立即交付使用。

2. 合理安排施工顺序

建设施工有其本身的客观规律，按照反映这种规律的顺序组织施工，能够保证各项施工活动相互促进，紧密衔接，避免不必要的重复工作，加快施工速度，缩短工期。

建筑施工的特点之一是建筑产品的固定性，因而建筑施工活动必须在同一场地上进行，没有前一阶段的工作，后一阶段就不可能进行，即使它们之间交错搭接地进行，也必须严格遵守一定的顺序，顺序反映了客观规律的要求，交叉则体现争取时间的主观努力。因此在编制施工组织设计时，必须合理安排施工顺序。

虽然建筑施工顺序会随工程性质、施工条件和使用的要求而有所不同，但还是能够找出可以遵循的共同性的规律，在安排施工顺序时，通常应当考虑以下几点：

①要及时完成有关的施工准备工作，为正式施工创造良好的条件，包括砍伐树木，拆除已有建筑物，清理场地，设置围墙，铺设施工需要的临时性

道路以及供水、供电管网，建造临时性工房、办公用房、加工企业等；准备工作视施工需要，可以一次性完成或分期完成。

②正式施工时应该先进行平整场地、铺设管网、修筑道路等全场性工程及可供施工使用的永久性管线、道路为施工服务，从而减少暂设工程，节约投资，并便于现场平面的管理。在安排管线道路施工程序时，一般宜先场外、后场内，场外由远而近，先主干、后分支，地下工程要先深后浅，排水要先下游、后上游。

③对于单个房屋和构筑物的施工顺序，既要考虑空间顺序，也要考虑工种之间的顺序。空间顺序是解决施工流向的问题，它必须根据生产需要、缩短工期和保证工程质量的要求来决定。工种顺序是解决时间上搭接的问题，它必须做到保证质量，为工种之间互相创造条件，并充分利用工作面，争取加快工程进度。

3. 用流水作业法和网络计划技术安排进度计划

采用流水方法组织施工，以保证施工连续地、均衡地、有节奏地进行，合理使用人力、物力和财力，能够好、快、省、安全地完成施工任务，网络计划是理想的计划模型，可以为编制、优化、调整、利用电子计算机提供优越条件。从实际出发，做好人力、物力的综合平衡，组织均衡施工。

4. 恰当地安排冬雨期施工项目

对于那些必须进入冬雨期施工的工程，应落实季节施工措施，以增加全年的施工日数，提高施工的连续性和均衡性。

5. 恰当的施工方案与施工技术

贯彻多层次技术结构的技术政策，因时因地制宜地促进技术进步和建筑工业化的发展，要贯彻工厂预制、现场预制和现场浇筑相结合的方针，选择最恰当的预制装配方案或机械现场浇筑方案。

贯彻先进机械、简易机械和改良机具相结合的方针，恰当选择自行装备、租赁机械或机械分包施工等多方式施工。

积极采用新材料、新工艺、新设备与新技术，努力为新结构的推行创造条件。促进技术进步和发展工业化施工要结合工程特点和现场条件，使技术的先进性、适用性与经济合理性相结合。

6. 绿色文明施工

尽量利用永久性工程、原有或就近已有设施，以减少各种暂设工程；尽量利用当地资源，合理安排运输、装卸与储存，减少物资运输量和二次搬运量；精心进行场地规划布置，节约施工用地，不占或少占农田，防止工程事故，做到绿色文明施工。

三、施工项目的施工准备

(一) 施工准备工作的要求

1. 建立严格的施工准备工作责任制

施工准备工作必须有严格的责任制，按施工准备工作计划将责任落实到有关部门和具体人员，项目经理全权负责整个项目的施工准备工作，对准备工作进行统一布置和安排，协调各方面关系，以便按计划要求及时全面完成准备工作。

2. 建立施工准备工作检查制度

施工准备工作不仅要有明确的分工和责任，也要有布置、有交底，在实施过程中还要定期检查。其目的在于督促和控制，通过检查发现问题和薄弱环节，并进行分析，找出原因，及时解决，不断协调和调整，把工作落到实处。

3. 严格遵守建设程序，执行开工报告制度

必须遵循基本的建设程序，坚持没有做好施工准备不准开工的原则，当施工准备工作的各项内容已完成，满足开工条件，并办理施工许可证时，项目经理部应申请开工报告，报上级批准后方能开工。实行监理的工程，还应将开工报告送监理工程师审批，由监理工程师签发开工报告。

4. 处理好各方面的关系

施工准备工作的顺利实施，必须将多工种、多专业的准备工作统筹安排、协调配合，施工单位要取得建设单位、设计单位、监理单位及有关单位的大力支持与协作，使准备工作深入有效地实施，为此要处理好以下几个方

面的关系：

（1）建设单位准备与施工单位准备相结合

为保证施工准备工作全面完成，不出现漏洞，或推卸职责的情况，应明确划分建设单位和施工单位准备工作的范围、职责及完成时间，并在实施过程中，相互沟通、相互配合，保证施工准备工作的顺利完成。

（2）前期准备与后期准备相结合

施工准备工作有一些是开工前必须做的，有一些是在开工之后交叉进行的，因而既要立足于前期准备工作，又要着眼于后期准备工作，两者均不能偏废。

（3）室内准备与室外准备相结合

室内准备工作是指工程建设的各种技术经济资料的编制和汇集，室外准备工作是指对施工现场和施工活动所必需的技术、经济、物质条件的建立。室外准备与室内准备应同时并举，互相创造条件；室内准备工作对室外准备工作起指导作用，而室外准备工作则对室内准备工作起促进作用。

（4）现场准备与加工预制准备相结合

在现场准备的同时，对大批预制加工构件就应提出供应进度要求，并委托生产，对一些大型构件应进行技术经济分析，及时确定是现场预制，还是加工厂预制，构件加工还应考虑现场的存放能力及使用要求。

（5）土建工程与安装工程相结合

土建施工单位在拟订出施工准备工作规划后，要及时与其他专业工程以及供应部门相结合，研究总包与分包之间综合施工、协作配合的关系，然后各自进行施工准备工作，相互提供施工条件，有问题及早提出，以便采取有效措施，促进各方面准备工作的进行。

（6）班组准备与工地总体准备相结合

在各班组做施工准备工作时，必须与工地总体准备相结合，要结合图纸交底及施工组织设计的要求，熟悉有关的技术规范、规程，协调各工种之间的衔接配合，力争连续、均衡施工。

班组作业的准备工作包括以下内容：

①进行计划和技术交底,下达工程任务书;

②对施工机具进行保养和就位;

③将施工所需的材料、构配件,经质量检查合格后,供应到施工地点;

④具体布置操作场地,创造操作环境;

⑤检查前一工序的质量,搞好标高与轴线的控制。

(二)编制施工准备工作计划

为了有步骤、有安排、有组织、全面地搞好施工准备,在进行施工准备之前,应编制好施工准备工作计划。

施工准备工作计划是施工组织设计的重要组成部分,应依据施工方案、施工进度计划、资源需要量等进行编制。除了用上述表格和形象计划外,还可采用网络计划进行编制,以明确各项准备工作之间的关系并找出关键工作,并且可在网络计划上进行施工准备期的调整。

(三)调查研究和收集有关施工资料的实施

1. 收集给排水、供电等资料

水、电和蒸汽是施工不可缺少的条件。资料来源主要是当地城市建设、电业、电信等管理部门和建设单位。主要用作选用施工用水、用电和供热、供蒸汽方式的依据。

2. 收集交通运输资料

建筑施工中,常用铁路、公路和航运三种主要交通运输方式。资料来源主要是当地铁路、公路、水运和航运管理部门。主要用作决定选用材料和设备的运输方式,组织运输业务的依据。

3. 收集建筑材料资料

建筑工程要消耗大量的材料,主要有钢材、木材、水泥、地方材料(砖、砂、灰、石)、装饰材料、构件制作、商品混凝土、建筑机械等。资料来源主要是当地主管部门和建设单位及各建材生产厂家、供货商。主要作用是选择建筑材料和施工机械的依据。

4. 社会劳动力和生活条件调查

建筑施工是劳动密集型的生产活动。社会劳动力是建筑施工劳动力的主要来源。资料来源是当地劳动、商业、卫生和教育主管部门。主要作用是为劳动力安排计划、布置临时设施和确定施工力量提供依据。

5. 原始资料的调查

原始资料调查的主要内容有建设地点的气象、地形、地貌、工程地质、水文地质、场地周围环境及障碍物。资料来源主要是气象部门及设计单位。主要作用是确定施工方法和技术措施，编制施工进度计划和施工平面图布置设计的依据。

（四）技术资料准备的实施

技术准备是施工准备工作的核心，是现场施工准备工作的基础。由于任何技术的差错或隐患都可能引起人身安全和质量事故，造成生命、财产和经济的巨大损失，因此必须认真做好技术准备工作。其主要内容包括熟悉与会审图纸、编制施工组织设计、编制施工图预算和施工预算。

1. 熟悉与会审图纸

（1）基础及地下室部分

①核对建筑、结构、设备施工图中关于基础留口、留洞的位置及标高的相互关系是否处理恰当。

②给水及排水的去向，防水体系的做法及要求。

③特殊基础做法，变形缝及人防出口做法。

（2）主体结构部分

①定位轴线的布置及与承重结构的位置关系。

②各层所用材料是否有变化。

③各种构配件的构造及做法。

④采用的标准图集有无特殊变化和要求。

（3）装饰部分

①装修与结构施工的关系。

②变形缝的做法及防水处理的特殊要求。

③防火、保温、隔热、防尘、高级装修的类型及技术要求。

2. 审查图纸及其他设计技术资料的内容

（1）主要内容

①设计图纸是否符合国家有关规划、技术规范要求。

②核对设计图纸及说明书是否完整、明确，设计图纸与说明等其他各组成部分之间有无矛盾和错误，内容是否一致，有无遗漏。

③总图的建筑物坐标位置与单位工程建筑平面图是否一致。

④核对主要轴线、几何尺寸、坐标、标高、说明等是否一致，有无错误和遗漏。

⑤基础设计与实际地质是否相符，建筑物与地下构造物及管线之间有无矛盾。

⑥主体建筑材料在各部分有无变化，各部分的构造做法。

⑦建筑施工与安装在配合上存在哪些技术问题，能否合理解决。

⑧设计中所选用的各种材料、配件、构件等能否满足设计规定的需要。

⑨工程中采用的新工艺、新结构、新材料的施工技术要求及技术措施。

⑩对设计技术资料有什么合理化建议及其他问题。

（2）图纸审查程序

审查图纸的程序通常分为自审阶段、会审阶段和现场签证三个阶段。

自审是施工企业组织技术人员熟悉和自审图纸，自审记录包括对设计图纸的疑问和有关建议。

会审是由建筑单位主持、设计单位和施工单位参加，先由设计单位进行图纸技术交底，各方面提出意见，经充分协商后，统一认识形成图纸会审纪要，由建设单位正式行文，参加单位共同会签、盖章，作为设计图纸的修改文件。

现场签证是在工程施工过程中，发现施工条件与设计图纸的条件不符，或图纸仍有错误，或因材料的规格、质量不能满足设计要求等原因，需要对设计图纸进行及时修改，应遵循设计变更的签证制度，进行图纸的施工现场签证。一般问题，经设计单位同意，即可办理手续进行修改；重大问题，须经建设单位、设计单位和施工单位协商，由设计单位修改，向施工单位签发设计变更单,方有效。

3. 熟悉技术规范、规程和有关技术规定

技术规范、规程是国家制定的建设法规,是实践经验的总结,在技术管理上具有法律效用。建筑施工中常用的技术规范、规程主要有以下几个方面:

①建筑安装工程质量检验评定标准;

②施工操作规程;

③建筑工程施工及验收规范;

④设备维护及维修规程;

⑤安全技术规程;

⑥上级技术部门颁发的其他技术规范和规定。

(五)施工现场准备的实施

1. 现场"三通一平"

"三通一平"是在建筑工程的用地范围内,接通施工用水、用电、道路和平整场地的总称。而工程实际的需要往往不只水通、电通、路通,有些工地上还要求有"热通"(供蒸汽)、"气通"(供燃气)、"话通"(通电话)等,但最基本的还是"三通"。

(1)平整施工场地

施工场地的平整工作,首先通过测量,按建筑总平面图中确定的标高,计算出挖土及填土的数量,设计土方调配方案,组织人力或机械进行平整工作;若拟建场内有旧建筑物,则须拆迁房屋,同时要清理地面上的各种障碍物,对地下管道、电缆等要采取可靠的拆除或保护措施。

(2)修通道路

施工现场的道路,是组织大量物资进场的运输动脉,为了保证各种建筑材料、施工机械、生产设备和构件按计划到场,必须按施工总平面图要求修通道路。为了节省工程费用,应尽量利用已有道路或结合正式工程的永久性道路。为使施工时不损坏路面,可先做路基,施工完毕后再做路面。

（3）通水

施工现场的通水包括给水与排水。施工用水包括生产、生活和消防用水，其布置应按施工总平面图的规划进行安排。施工用水设施尽量利用永久性给水线路，临时管线的铺设，既要满足用水点的需要和使用方便，又要尽量缩短管线。施工现场要做好有组织的排水系统，否则会影响施工的顺利进行。

（4）通电

施工现场的通电包括生产用电和生活用电。根据生产、生活用电的电量，选择配电变压器，与供电部门或建设单位联系，按施工组织要求布设线路和通电设备。当供电系统供电不足时，应考虑在现场建立发电系统，以保证施工的顺利进行。

2. 测量放线

测量放线的任务是把图纸上所设计好的建筑物、构筑物及管线等测设到地面或实物上，并用各种标志表现出来，作为施工依据。在土方开挖前，按设计单位提供的总平面图及给定的永久性经纬坐标控制网和水准控制基桩，进行场区施工测量，设置场区永久性坐标、水准基桩并建立场区工程测量控制网。在进行测量放线前，应做好以下几项准备工作：

①了解设计意图，熟悉并校核施工图纸；

②对测量仪器进行检验和校正；

③校核红线桩与水准点；

④制订测量放线方案。测量放线方案主要包括平面控制、标高控制、±0.000以下施测、±0.000以上施测、沉降观测和竣工测量等项目，其方案制订依据设计图纸要求和施工方案来确定。

建筑物定位放线是确定整个工程平面位置的关键环节，施测中必须保证精度，杜绝错误，否则其后果将难以处理。建筑物的定位、放线，一般通过设计图中的平面控制轴线来确定建筑物的轮廓位置，经自检合格后，提交有关部门和甲方（监理人员）验线，以保证定位的准确性。沿红线的建筑物，还要由规划部门验线，以防止建筑物超、压红线。

3. 临时设施的搭设

现场所需临时设施，应报请规划、市政、消防、交通、环保等有关部门审查批准，按施工组织设计和审查情况来实施。

对于指定的施工用地周界，应用围墙（栏）围挡起来，围挡的形式和材料应符合市容管理的有关规定和要求，并在主要出入口设置标牌，标明工程名称、施工单位、工地负责人、监理单位等。

各种生产（仓库、混凝土搅拌站、预制构件厂、机修站、生产作业棚等）、生活（办公室、宿舍、食堂等）用的临时设施，严格按批准的施工组织设计规定的数量、标准、面积、位置等来组织实施，不得乱搭乱建，并尽可能做到以下几点：

①利用原有建筑物，减少临时设施的数量，以节省投资；

②适用、经济、就地取材，尽量采用移动式、装配式临时建筑；

③节约用地，少占农田。

（六）生产资料准备的实施

1. 建筑材料的准备

建筑材料的准备包括"三材"（钢材、木材、水泥）、地方材料（砖、瓦、石灰、砂、石等）、装饰材料（面砖、地砖等）、特殊材料（防腐、防射线、防爆材料等）的准备。

为了保证工程能够顺利施工，材料准备要求如下：

①编制材料需要量计划，签订供货合同应根据预算的工料分析，按施工进度计划的使用要求，材料储备定额和消耗定额，分别按材料名称、规格、使用时间进行汇总，编制材料需用量计划，同时根据不同材料的供应情况，随时注意市场行情，及时组织货源，签订订货合同，保证采购供应计划的准确可靠。

②材料的运输和储备按工程进度分期分批进场。现场储备过多会增加保管费用、占用流动资金，过少则难以保证施工的连续进行，对于使用量少的材料，应尽可能一次进场。

③材料的堆放和保管。现场材料的堆放应按施工平面布置图的位置，按

材料的性质、种类，选取不同的堆放方式，合理堆放，避免材料的混淆及二次搬运；进场后的材料要依据材料的性质妥善保管，避免材料的变质及损坏，以保持材料的原有数量和原有的使用价值。

2. 施工机具和周转材料的准备

施工机具包括施工中所确定选用的各种土方机械、木工机械、钢筋加工机械、混凝土机械、砂浆机械、垂直与水平运输机械、吊装机械等，应根据采用的施工方案和施工进度计划，确定施工机械的数量和进场时间；确定施工机具的供应方法和进场后的存放地点和方式，并提出施工机具需要量计划，以便企业内平衡或外签约租借机械。

周转材料的准备主要指模板和脚手架，此类材料施工现场使用量大、堆放场地面积大、规格多、对堆放场地的要求高，应按施工组织设计的要求分规格、型号整齐码放，以便使用和维修。

3. 预制构件和配件的加工准备

工程施工中需要大量的钢筋混凝土构件、木构件、金属构件、水泥制品、塑料制品、洁具等，应在图纸会审后提出预制加工单，确定加工方案、供应渠道及进场后的储备地点和方式。现场预制的大型构件，应依施工组织设计作好规划并提前加工预制。

此外，对采用商品混凝土的现浇工程，要依施工进度计划要求确定需用量计划，主要内容有商品混凝土的品种、规格、数量、需要时间、送货方式、交货地点，并提前与生产单位签订供货合同，以保证施工的顺利进行。

（七）施工人员准备的实施

施工队伍的建立，要考虑工种的合理配合，技工和普工的比例要满足劳动组织的要求，建立混合施工队或专业施工队及其数量，组建施工队组要坚持合理、精干原则，在施工过程中，依工程实际进度需求，动态管理劳动力数量。需要外部力量的，可通过签订承包合同或联合其他队伍来共同完成。

1. 建立精干的基本施工队组

基本施工队组应根据现有的劳动组织情况、结构特点及施工组织设计的劳动力需要量计划确定。一般有以下几种组织形式：

①砖混结构的建筑。该类建筑在主体施工阶段，主要是砌筑工程，应以瓦工为主，配合适量的架子工、钢筋工、混凝土工、木工以及小型机械工等；装饰阶段以抹灰、油漆工为主，配合适量的木工、电工、管工等。因此以混合施工班组为宜。

②框架、框剪及全现浇结构的建筑。该类建筑主体结构施工主要是钢筋混凝土工程，应以模板工、钢筋工、混凝土工为主，配合适量的瓦工；装饰阶段配备抹灰、油漆工等。因此以专业施工班组为宜。

③预制装配式结构的建筑。该类建筑的主要施工工作以构件吊装为主，应以吊装起重工为主，配合适量的电焊工、木工、钢筋工、混凝土工、瓦工等，装饰阶段配备抹灰工、油漆工、木工等。因此以专业施工班组为宜。

2. 确定优良的专业施工队伍

大中型的工业项目或公用工程，内部的机电安装、生产设备安装一般需要专业施工队或生产厂家进行安装和调试，某些分项工程也可能需要机械化施工公司来承担，这些需要外部施工队伍来承担的工作，须在施工准备工作中以签订承包合同的形式予以明确，落实施工队伍。

3. 选择优势互补的外包施工队伍

随着建筑市场的开放，施工单位依靠自身的力量往往难以满足施工需要，因而须联合其他建筑队伍（外包施工队）来共同完成施工任务，通过考察外包队伍的市场信誉、已完工程质量、确认资质、施工力量水平等来选择，联合要充分体现优势互补原则。

（八）冬雨季施工准备工作的实施

1. 冬季施工准备工作

（1）合理安排冬季施工项目

建筑产品的生产周期长，且多为露天作业，冬季施工条件差、技术要求高，因此在施工组织设计中就应合理安排冬季施工项目，尽可能保证工程连续施工，一般情况下尽量安排费用增加少、易保证质量、对施工条件要求低的项目在冬季施工，如吊装、打桩、室内装修等，而如土方、基础、外装修、屋面防水等则不易在冬季施工。

（2）落实各种热源的供应工作

提前落实供热渠道，准备热源设备，储备和供应冬季施工用的保温材料，做好司炉培训工作。

（3）做好保温防冻工作

①临时设施的保温防冻。给水管道的保温，防止管道冻裂；防止道路积水、积雪成冰，保证运输顺利。

②工程已成部分的保温保护。如基础完成后及时回填至基础顶面同一高度，砌完一层墙后及时将楼板安装到位等。

③冬季要施工部分的保温防冻。如凝结硬化尚未达到强度要求的砂浆、混凝土要及时测温，加强保温，防止遭受冻结；将要进行的室内施工项目，先完成供热系统，安装好门窗玻璃等。

（4）加强安全教育

要有冬季施工的防火、安全措施，加强安全教育，做好职工培训工作，避免火灾、安全事故的发生。

2．雨季施工准备工作

（1）合理安排雨季施工项目

在施工组织设计中要充分考虑雨季对施工的影响，一般情况下，雨季到来之前，多安排土方、基础、室外及屋面等不易在雨季施工的项目，多留一些室内工作在雨季进行，以避免雨季窝工。

（2）做好现场排水工作

施工现场雨季来临前，做好排水沟，准备好抽水设备，防止场地积水，最大限度地减少泡水造成的损失。

（3）做好运输道路的维护和物资储备

雨季前检查道路边坡排水，适当提高路面，防止路面凹陷，保证运输道路的畅通，并多储备一些物资，减少雨季运输量，节约施工费用。

（4）做好机具设备等的保护

对现场各种机具、电器、工棚都要加强检查，特别是脚手架、塔吊、井架等，要采取防倒塌、防雷击、防漏电等一系列技术措施。

（5）加强施工管理

认真编制雨季施工安全措施，加强对职工的教育，防止各类事故的发生。

第二章　建筑工程合同管理

第一节　建筑工程合同管理及组织策划

一、合同管理概述

（一）建筑工程合同及其分类

随着社会的发展，在现今社会，工程建设成为城市建设发展的一部分。在整个建筑工程的建设过程中，建筑工程双方为了明确双方权利和义务会签订合同，也就是建筑工程合同。建筑工程合同，也称建筑工程承发包合同，是指由承包人进行工程建设，发包人支付价款的合同。

建筑工程合同种类繁多，可以从以下不同角度进行分类：

①按承包工作性质的不同，一般可将建筑工程合同划分为勘察合同、设计合同、工程监理合同、施工合同、材料设备采购合同和其他工程咨询合同等。

②按承包工程范围的不同，一般可将建筑工程合同划分为项目总承包合同、施工总承包合同、专业分包合同和劳务分包合同等。

③按计价方式的不同，一般可将建筑工程合同划分为总价合同、单价合同、成本加酬金合同等。

（二）建筑工程中主要的合同关系

在一个工程中相关的合同可能有几份、几十份、几百份甚至几千份。它们之间有着十分复杂的内部联系，形成了一个复杂的合同网络。其中，业主和承包商是两个最主要的节点。

1. 业主的主要合同关系

要实现工程总目标,业主必须将建筑工程的勘察、设计、各专业工程施工、设备和材料供应、建筑工程的咨询和管理等工作委托出去,签订以下几种合同。

(1) 咨询(监理)合同

咨询(监理)合同即业主与咨询(监理)公司签订的合同。咨询(监理)公司负责工程的可行性研究、设计监理、招标和施工阶段监理等某一项或几项工作。

(2) 勘察设计合同

勘察设计合同即业主与勘察设计单位签订的合同。勘察设计单位负责工程的地质勘察和技术设计工作。

(3) 采购合同(买卖合同)

采购合同即业主与有关的材料和设备供应商签订的合同。对由业主负责提供的材料和设备,业主必须与有关的材料和设备供应商签订采购合同。

(4) 工程施工合同

工程施工合同即业主与承包商签订的合同。一个或几个承包商承包或分别承包土建、机械安装、电器安装、装饰、通信等工程施工。

(5) 贷款合同

贷款合同即业主与金融机构签订的合同。按照资金来源的不同,可能有贷款合同、合资合同或BOT合同等。

按照工程承包方式和范围的不同,业主可订立许多份合同。例如,将工程分专业、分阶段委托,将材料和设备供应分别委托,也可能将上述委托以各种形式合并,如把土建和安装委托给一个承包商,把整个设备供应委托给一个成套设备供应企业。当然业主还可以与一个承包商订立全包合同(一揽子承包合同),由该承包商负责整个工程的设计、供应、施工,甚至管理等工作。因此,不同合同的工程范围和内容有很大的区别。

2. 承包商的主要合同关系

承包商是工程施工的具体实施者，是工程承包合同的执行者。任何承包商都不可能，也不必具备所有专业工程的施工能力、材料和设备的生产和供应能力，他同样必须将许多专业工作委托出去，所以，承包商又有自己复杂的合同关系。

（1）分包合同

分包合同主要有专业分包合同和劳务分包合同。在投标书中，承包商必须附上拟定的分包商的名单，供业主审查。如果在施工中重新委托分包商，必须经过工程师（或业主代表）的批准。

（2）供应合同

承包商为了采购和供应工程所需的材料和设备，与供应商签订的合同称为供应合同。

（3）运输合同

承包商为解决材料和设备的运输问题而与运输单位签订的合同称为运输合同。

（4）加工合同

承包商将建筑构配件、特殊构件加工任务委托给加工承揽单位而签订的合同称为加工合同。

（5）租赁合同

在现场使用率低的许多施工设备、运输设备、周转材料等为了节省资金可以采用租赁的方式。为租赁某些设备而签订的合同称为租赁合同。

（6）保险合同

承包商按施工合同要求对工程进行保险，与保险公司签订的合同称为保险合同。

以上这些合同是承包商的合同体系，都与承包合同相关，都是为了完成承包合同而签订的。

3. 其他情况

①设计单位、各供应单位可能存在的各种形式的分包合同。

②带资承包：承包商可能要借款，就要与金融机构签订借款合同。

③在许多大工程中，尤其是在业主要求全包的工程中，承包商经常是几个企业的联营体，即联营承包。若干家承包商（最常见的是设备供应商、土建承包商、安装承包商、勘察设计单位）之间订立合同，联合投标，共同承接工程。

④分包商也可能购买材料和设备、租赁设备、委托加工等，所以也有复杂的合同关系。

（三）建筑工程合同管理的概念及其特点

工程合同管理是指合同管理的主体对工程合同的管理，是对工程项目中相关的组织、策划、签订、履行、变更、索赔和争议解决的管理。

1. 合同管理的复杂性

工程合同是按建设程序展开的，规划设计合同先行，监理施工采购合同在后，工程合同呈现出中联、并联和搭接的关系，工程合同管理也是随着项目的进展而逐步展开的，因此，工程合同复杂的界面决定了工程合同管理的复杂性。

项目参建单位和协作单位多，通常涉及业主、勘察设计单位、监理单位、总包分包单位、材料设备供应单位等，各方面责任界限的划分、合同权利和义务的定义异常复杂，合同在时间上和空间上的衔接与协调极为重要。合同管理必须协调和处理好各方面的关系，使相关的各合同和合同规定的各工作范围与工作内容不相矛盾，使各合同在内容上、技术上、组织上、时间上协调一致，这样才能形成一个完整的、周密的、有序的体系，以保证工程有秩序、按计划实施。因此，复杂的合同关系，也决定了工程合同管理的复杂性。

2. 合同管理的协作性

工程合同管理不是一个人的事，往往需要专门设立一个合同管理班子来管理，从施工合同角度看，业主方和施工方所派驻的项目管理班子，从某种程度上讲，都是工程合同的管理者。以业主为例，业主项目管理班子中的每个部门，甚至是每个岗位、每个人的工作都与合同管理有关，如业主的招标部门是合同的订立部门，工程管理部门是合同的履行部门，等等。

工程合同管理不仅需要专职的合同管理人员和部门，而且要求参与项目管理的其他各种人员或部门都必须精通合同，熟悉合同管理工作。正是因为工程合同管理是通过项目管理班子内部各部门的分工协作、相互配合进行的，因此，合同管理过程中的相互沟通与协调显得尤为重要，体现出合同管理需要各部门分工协作的特点。

3. 合同管理的风险性

由于工程合同实施时间长，涉及面广，受外界环境，如经济、社会、法律和自然条件等的影响大，这些因素一般称为工程风险，工程风险难以预测，难以控制，一旦发生，往往会影响合同的正常履行，造成合同延期和（或）经济损失。因此，工程风险管理成为工程合同管理的重要内容。

由于建筑市场竞争激烈，承包商除依靠其他评标指标外，投标报价也是施工投标中能否中标的关键性指标，因此，常导致施工合同价格偏低，同时，业主也经常利用在建筑市场中的买方优势，提出一些苛刻的条件。同时，合同双方的信用风险也是工程合同管理的重要内容。

4. 合同管理的动态性

由于合同在履行过程中内外干扰事件多，使得合同变更频繁，因此合同管理必须按照变化的情况不断地调整，这就要求合同管理必须是动态的，必须加强合同控制工作。

（四）建筑工程合同管理在项目管理中的作用

①建筑工程合同管理可以确立工程目标。通过合同的方式确定工程目标，合同双方依照合同在施工期间开展相关活动，保证工程进度，提高项目的实施效率，避免延期问题的出现，为实现预期的工程目标提供了有力的保证。

②建筑工程合同管理是最高行为准则。由于合同是当事人双方通过协商所达成的具有法律约束力的协议，它的存在指导着责任双方依照协商内容进行项目的质量、进度、成本的管理，是最高的行为准则。

③建筑工程合同管理清晰地划分了责任与利益。由于合同双方所追求的

利益不尽相同，必须依靠合同进行权益、责任的明确划分，将合同双方有机地统一起来，在保护自身利益的同时，共同完成工程项目。建筑工程合同具有平衡双方权益的作用，保障了工程的顺利进行。

（五）建筑工程合同管理的目标

在项目建设过程中，各参建单位合同管理的目标是不同的，他们站在各自的角度、各自的立场上，为各自的企业在本项目上的目标服务。但不管各单位的目标如何，所有参建单位的合同管理都必须服从整个项目的总目标，实现项目的总目标是实现企业目标的前提。站在项目的角度，工程合同管理的目标应该是每个合同顺利履行和整个项目目标的实现。

保证项目三大目标的实现，使整个工程在预定的投资、预定的工期范围内完成，达到预定的质量标准，满足项目的使用和功能要求。

由于每个合同条款都是围绕项目总目标在本合同中的分解目标制定的，其中包括进度目标、质量目标、合同价款及支付办法，以及双方的责、权、利关系等。一个项目在建设过程中，有众多的工程合同，每个合同都是实现项目总目标的一个分解目标，如果有一个合同目标不能实现，就会影响整个项目的目标，工程合同管理就是保证项目总目标的顺利实现。

具体到每个工程合同，为实现该合同的分解目标，就要通过对单项合同进行管理，使每个单项合同目标能够顺利实现。单项合同目标的实现，就是要合同双方能够积极按照合同的约定履行自己的义务，同时，在自己履行合同的前提下，也要防范对方是否会违约。一个成功的合同管理者，就是要在合同结束时使双方都感到满意，即业主对工程、对双方的合作感到满意；而承包商不但取得了预期利润，而且赢得了信誉，双方建立了友好合作关系。

（六）建筑工程合同管理的内容

①根据合同管理的对象，可将合同管理分为两个层次：一是对单项合同的管理；二是对整个项目合同的管理。

单项合同的管理：单项合同的管理主要是指合同当事人从合同开始到合同结束的全过程对合同进行管理。其包括合同的提出、合同文本的起草、合同的订立、合同的履行、合同变更和索赔控制、合同收尾等工作环节。

整个项目合同的管理：以业主为例，整个项目合同的管理包括合同策划和合同控制两项工作。合同策划又可分为合同结构策划、合同文本策划及合同工作安排，主要包括对本项目拟订立哪些种类的合同，拟订立多少个相同种类的合同，它们之间的范围如何定义，时间如何安排，每个合同如何以及何时进行招标或采购，招标方式、招标范围、评标办法、合同条件、合同文本的起草等；合同控制主要包括合同的履行、合同的跟踪、合同界面的协调等。对业主来讲，工程合同管理工作应贯穿从项目筹建到保修期结束的建设全过程。

②根据合同管理主体的不同，合同管理可分为业主方合同管理和工程承包方合同管理。

由于业主方是建筑工程项目生产过程的总组织者，故项目合同关系以业主为主导。业主方合同管理贯穿于建设项目的全过程，是对合同的内容、签订、履行、变更、索赔和争议解决的管理。

工程承包方合同管理是指承包方对于合同洽谈、草拟、签订、履行、变更、终止或解除，以及审查、监督、控制等一系列行为的全过程管理。其中，订立、履行、变更、解除、转让、终止是合同管理的内容；审查、监督、控制是合同管理的手段。工程承包方合同管理不仅具有与其他行业合同管理相同的特点，还因行业的专业性而有其特定的特点，如合同管理持续时间长；合同管理涉及金额大；合同变更频繁，管理工作量大；合同文本多，合同管理系统性强；合同管理法律要求高。

（七）建筑工程合同管理的方法和手段

1. 建立健全建筑工程合同管理法规，依法管理

在培育和发展社会主义市场经济活动中，要根据依法治国的方针，充分发挥运用法律手段调整和促进建筑市场正常运行的重要作用。在工程建设管理活动中，确保将工程建设项目可行性研究、工程项目报建、工程建设项目招标投标、工程建设项目承发包、工程建设项目施工和竣工验收等活动纳入

法治轨道。增强发包方和承包方的法治观念，保证工程建设项目的全部活动依据法律和合同办事。

《中华人民共和国建筑法》（以下简称《建筑法》）是我国经济法的重要组成部分，是作为我国国民经济支柱产业之一的建筑业的基本法。制定和颁布《建筑法》，从而建立健全我国工程建设法规体系，完善工程建设各项合同管理法规，是培育和发展我国建筑市场经济的客观要求和法律保障。

在建立健全建筑工程合同管理法律规范的过程中，各级住房城乡建设主管机关应当在组织学习国家法律和行政法规的基础上，做好制定各地建筑工程合同管理规章等配套工作，严格遵照"统一性、严肃性和法定程序的原则"行事。

2. 建立和发展有形的建筑市场

建立完善的社会主义市场经济体制，发展我国建筑工程发包承包活动，必须建立和发展有形的建筑市场。有形的建筑市场必须具备三个基本功能，即及时收集、存储和公开发布各类工程信息，为工程交易活动（包括工程招标、投标、评标、定标和签订合同）提供服务，以便政府有关部门行使调控、监督职能。国务院相关部门对合同管理的职责如下：

①国家市场监督管理总局：组织管理经济合同，组织规范管理各类市场的经营秩序，组织实施经济合同行政监督，组织查处合同欺诈。

②住房和城乡建设部：指导和规范全国建设市场，拟定规范建设市场各方主体的市场行为，以及工程招标投标、建设监理、建筑安全生产、建筑工程质量、合同管理和工程风险的规章制度并监督执行。

3. 建立建筑工程合同管理评估制度

合同管理制度是合同管理活动及其运行过程的行为规范，合同管理制度是否健全是合同管理的关键所在。因此，建立一套对建筑工程合同管理制度有效性的评估制度是十分必要的。

建筑工程合同管理评估制度具有以下特性：

①合法性。合法性是指工程合同管理制度符合国家有关法律、法规的

规定。

②规范性。规范性是指工程合同管理制度具有规范合同行为的作用，对合同管理行为进行评价、指导、预测，对合法行为进行保护奖励，对违法行为进行预防、警示或制裁等。

③实用性。实用性是指建筑工程合同管理制度能够适应建筑工程合同管理的要求，以便于操作和实施。

④系统性。系统性是指各类建筑工程合同管理制度是一个有机结合体，互相制约、互相协调，在建筑工程合同管理中，能够发挥其整体效应。

⑤科学性。科学性是指建筑工程合同管理制度能够正确反映合同管理的客观经济规律，保证人们运用客观规律进行有效的合同管理。

4. 推行合同管理目标制

合同管理目标制，是各项合同管理活动应达到的预期结果和最终目的。建筑工程合同管理的目的是项目法人通过自身在工程项目合同的订立和履行过程中所进行的计划、组织、指挥、监督和协调等工作，促使项目内部各部门、各环节互相衔接、密切配合，验收合格的工程项目；也是保证项目经营管理活动顺利进行，提高工程管理水平，增强市场竞争能力，高质量、高效益满足社会需要，更好地发展和繁荣建筑业市场经济的要求。

合同目标管理的过程是一个动态过程，它是指工程项目合同管理机构和管理人员为实现预期管理目标，运用管理职能和管理方法对工程合同的订立与履行行为实施管理活动的过程。其全过程包括以下几个方面：

①合同订立前的管理。合同签订意味着合同生效和全面履行，所以必须采取谨慎、严肃、认真的态度，做好签订前的准备工作，具体内容包括市场预测、资信调查和决策及订立合同前行为的管理。

②合同订立时的管理。合同订立阶段，意味着当事人双方经过工程招标投标活动，充分酝酿、协商一致，从而建立起建筑工程合同法律关系。订立合同是一种法律行为，双方应当认真、严肃地拟订合同条款，做到合同合法、公平、有效。

③合同履行中的管理。合同依法订立后，当事人应认真做好履行过程中

的组织和管理工作，严格按照合同条款，享有权利并承担义务。

④合同发生纠纷时的管理。合同资料是重要的、有效的法定证据，在合同履行中，当事人之间可能会发生纠纷，当争议纠纷出现时，有关双方首先应从整体、全局利益的目的出发，做好相关合同管理工作，以利于纠纷的解决。

5. 合同管理机关严肃执法

建筑工程合同法律、行政法规，规范建筑市场主体的行为准则。在培育和发展我国建筑市场的初级阶段，具有法治观念的建筑市场参与者能够学法、守法，依据法律、法规进入建筑市场，签订和履行工程建设合同，维护其合法权益。

由于我国社会主义市场经济尚处于完善阶段，特别是建筑市场，因其具有领域宽、规模大、周期长、流动广、资源配置复杂等特点，依法治理的任务十分艰巨。在建筑工程合同管理活动中，合同管理机关运用动态管理的科学手段，实行必要的跟踪监督，可以大大提高工程管理水平。

工商行政管理机关和建筑工程合同主管机关，应当依据《中华人民共和国合同法》（以下简称《合同法》）《建筑法》《中华人民共和国招标投标法》（以下简称《招标投标法》）、《中华人民共和国反不正当竞争法》等法律、行政法规严肃执法，整顿建筑市场秩序，严厉打击工程承发包活动中的违法犯罪活动。

当前，建筑市场中利用签订建筑工程合同进行欺诈的违法活动时有发生，其主要表现形式为：无合法承包资格的一方当事人与另一方当事人签订工程承发包合同，骗取预付款或材料费；虚构建筑工程项目预付款；无履约能力，弄虚作假，蒙骗他人签订合同，或是约定难以完成的条款，当对方违约之后，向其追偿违约金等。对因上述违法行为引发的严重工程质量事故或造成其他严重经济损失的，应依法追究责任者的经济责任、行政责任，构成犯罪的，依法追究其刑事责任。

6. 推行合同示范文本制度

推行合同示范文本制度，一方面有助于当事人了解、掌握有关法律、法规，使具体实施项目的建筑工程合同符合法律法规的要求，避免缺款少项，防止出现显失公平的条款，也有助于当事人熟悉合同的运行；另一方面，有利于行政管理机关对合同的监督，有助于仲裁机构或者人民法院及时判决纠纷，维护当事人的利益。使用标准化的范本签订合同，对完善建筑工程合同管理制度会起到极大的推动作用。

二、建筑工程合同管理组织

由于在项目合同关系中，业主的合同关系往往最复杂，故合同管理的组织主要从业主方的角度来讲。在市场经济体制下，合同是组织工程建设任务的主要手段之一，它不仅涉及参与项目建设各方的责任、权利和义务关系的问题，而且也关系到项目投资、进度和质量目标的控制问题。因此，业主方应对工程合同管理予以高度重视，建立科学的合同管理体系，制定合同管理制度，配备合同管理专业人员，加强员工合同意识教育，按照合同法的要求，抓好各个合同的管理，以保证工程建设的顺利进行，最终实现项目的总目标。

（一）合同管理的职能分工

为更好地进行合同管理工作，业主方应设立合同管理机构，制定职责分工，并应形成一套严谨科学的合同管理体系。合同管理职能的分配，既应考虑现行的组织机构，又要根据合同管理的需要适时对现行组织机构进行调整。从合同管理的角度出发，一般将与合同管理相关的各部门划分为合同主管部门、主办部门和协办部门，从而形成工程合同管理按主管部门、主办部门和协办部门交叉协同的管理机制。

1. 合同主管部门

业主组织机构内部应明确把某个部门（如单独的部门或将该职能放在计划财务部门）作为业主的合同归口管理部门。合同主管部门的主要职责如下：

①负责整个项目的合同策划和合同工作计划的制定，负责业主方合同的日常管理工作。

②组织单位员工学习合同知识，宣传、普及合同法律、法规。

③拟订组织单位内部的合同管理办法、规定等有关的规章制度，并监督各项合同管理制度的执行。

④会同合同主办部门草拟、制定、审核合同文本。

⑤参与合同谈判。

⑥经办合同的签订手续。

⑦监督、协调合同的履行，办理合同的变更、终止等手续。

⑧参与解决合同纠纷，根据授权代表本单位参加合同仲裁或诉讼。

⑨负责合同的登记、统计和有关文书、资料保管。

⑩负责本单位合同专用章的管理和使用、授权委托书的保管。

2. 主办部门

合同的实际履行部门或当事部门（工程管理部门）如有多个工程管理部门，则可分为多个主办部门，分别承担本部门工作范围内的合同主办工作。在建设任务组织过程中，业主组织内部各工程管理部门所必须签订的物察、设计、施工、监理、材料设备采购、咨询等合同，一般按照谁管谁办的原则，承担合同的主办角色，其职责如下：

①及时提出拟定合同项目；

②负责签约前的市场调研；

③负责对拟签约方主体资格、履约能力的调查；

④组织合同谈判；

⑤草拟、初审合同文本；

⑥严格履行合同，跟踪和控制合同的履行，及时反映并会同其他部门处理合同履行中出现的问题；

⑦参与解决合同纠纷。

3. 协办部门

协办部门就是与某项合同的准备工作、招标、谈判签约及履约过程有相关业务联系的部门（如与某合同相关的其他工程管理部门、招标部门、计划部门、财务部门及档案管理部门等），这些部门可根据具体的合同内容或需要协助主办或主管部门做好相应工作。

(二) 合同管理体系

合同管理体系就是在业主组织机构内部，对于整个合同工作，由主管部门统一负责所有合同的归口管理，并统一由该部门代表业主对外开展工程建设过程中的各种与合同相关的工作。

为充分调动各职能部门的积极性，发挥各个岗位的岗位知识和专业技能，应根据具体的业务类别，由各业务部门作为合同的具体协办部门，从不同的角度和在各自的业务范围内进行审核和把关。例如，计划方面的问题由计划部门审核把关，财务方面的问题由财务部门审核把关，招标方面的问题由招标部门审核把关，档案方面的问题由档案部门审核把关，责任明确，各司其职，分工协作。

由于工程范围或专业性质的不同，对于大型工程项目，一般可分为几个工程管理部门，它们在各自工程范围或专业范围内，作为主办部门代表业主履行职责，同时，在合同履行过程中进行统一跟踪管理。从而形成"统一管理、条块结合"的合同管理体系。

1. 统一管理

统一管理是指业主在组织项目建设过程中，对合同管理的有关工作应做出统一的规定和安排。其中，包括各部门在合同管理方面的分工与职责，相互之间的协调与配合以及合同管理的相关制度。

合同管理工作涉及许多不同的部门，如果没有统一管理，各部门就可能各行其是，或产生矛盾，从而使合同管理工作陷入被动境地。因此，对合同进行统一管理，一方面要求保证业主单位作为合同当事人的一方，各部门是一个统一的整体，应一致对外；另一方面要求对与项目有关的所有合同进行统一管理。项目建设涉及勘察、设计、施工、监理、材料设备采购等不同类型的合同，每种类型的合同又有许多具体合同。不同类型的合同其内容有很大差异，即使是同一类型的合同，其内容也不尽相同。但是，就当事人权利、义务、责任等这些基本内容来看，不同类型的合同其原则是一致的，具有许多相同或类似之处。因此，对不同合同进行统一管理，就是要注重从共性的角度对不同类型的合同和各个具体合同进行管理。

2. 条块结合

对合同仅仅从共性的角度进行管理是远远不够的，还必须从个性的角度进行管理，即针对每一种类型的合同、每一个具体的合同进行管理，这就需要运用条块结合的管理方式来实现。对合同管理实行条块结合的工作方式，不仅是合同管理工作的客观需要，也是合同管理工作能够落到实处的保证。

对合同需要从"条"的方面进行管理，是因为每一个合同都必然涉及工期与时间、技术与质量、费用与支付、权利与义务等不同专业领域的问题，需要不同的职能部门（如计划部门、财务部门等）分别从本专业的角度对合同中的有关条款进行审查，以保证在合同中对有关专业问题的规定不出现问题。"条"的管理体现的是不同职能部门在合同管理方面的分工。

对合同也需要从"块"的方面进行管理，每一类型乃至每一个具体的合同都必须落实到一个部门，由其代表业主履行合同中的义务，行使相应的权利，并对合同进行全面、全过程的直接管理。根据业主项目管理组织的不同，一般可将合同管理分为以下几"块"：规划设计部门分管勘察、设计合同，工程管理部门分管施工合同和监理合同（如果本组织中专门设有材料设备管理部门，则由其分管材料设备采购合同）。"块"的管理体现的是不同职能部门在合同管理方面的集中。

综上所述，合同管理体系既要体现"条"的管理，以保证合同内容的统一性，保证合同实施的连续性和一致性，又要体现"块"的管理，以保证合同内容的完整性、严密性和合理性。因此，对合同管理应实行条块结合的工作方式。

（三）合同管理基本制度

为了保证合同管理体系的有效执行，必须健全和完善组织内部的各项管理制度。其中，合同管理基本制度是其项目管理制度的关键内容之一。

合同管理基本制度主要有合同管理办法、招标管理办法、合同审批制度、材料设备采购管理办法及合同档案管理制度等。

1. 合同管理办法

合同管理办法是整个合同工作最基本的制度。它应明确合同管理流程，加强合同管理，规范合同管理各部门的职责，控制合同风险等。从而使合同管理得到组织上和制度上的保证。

2. 招标管理办法

招标管理办法是为规范建筑工程招标管理，维护招标单位的权益，在保证项目质量、工期等要求的前提下制定的。招标管理办法的主要内容包括招标范围、招标程序、招标日常办事机构、招标的牵头部门和参加部门、评标小组的组成方法、评标办法和原则及招标决策机构等。

3. 合同审批制度

合同审批制度是为规范合同审批管理工作，明确合同审批权限和责任，建立规范、有效的合同审批流程，降低工程项目风险而制定的。合同审批制度包括以下内容：

①计划部门对合同标的及与工期和时间有关的条款进行审查，以确保每一个合同的工期都控制在项目总进度计划的范围之内，且应留有一定的余地，以防发生意外情况，影响总进度目标的实现。

②工程管理部门对合同中与技术、质量、安全、文明施工有关的条款进行审查，以确保每一个合同的质量、安全、文明施工项目都能达到要求。

③财务部门对合同中与费用和支付有关的条款进行审查，以确保建设资金能够得到合理利用，以利于控制项目的投资目标。

④合同主管部门对合同中与权利、义务、责任以及法律有关的条款进行审查，以确保每一个合同首先必须是有效合同，并且从法律意义来说是对业主有利的合同。

4. 材料设备采购管理办法

材料设备采购管理办法是为规范采购管理工作，降低采购成本、规范采购行为制定的。其包括两个方面的内容：一方面是确保采购的材料设备完全符合相关国家规范及标准；另一方面是确保采购的材料设备严格按合同要求进场，保证工程按质按期完成。

5. 合同档案管理制度

合同档案管理制度是合同管理制度的组成部分，也是单位为维护自身合法权益而采取的必要手段。通过对合同档案的管理，可以保存与合同有关的相关证据材料，一旦发生纠纷，可以及时运用档案记载的内容，依法维护单位的权益。

三、建筑工程合同策划

在项目建设过程中，业主的行为表现为投资行为，即在建设项目购置、建造、安装和调试等建设全过程中，业主处于主导和买方的地位。建设一个项目单靠业主自身的行为显然是不够的，还必须有勘察、设计、施工、监理及材料设备供应等单位的参与。各种建设任务的组织，都是通过业主的采购行为来实现的。在市场经济条件下，合同成为业主配置建设项目所需各种资源的主要手段。合同策划是业主方项目策划的重要内容之一，在建筑工程项目的初始阶段，必须进行相关合同的策划，策划的目标是通过合同保证工程项目总目标的实现，必须反映建筑工程项目战略和企业战略，反映建筑企业的经营指导方针和根本利益。

（一）合同策划的意义

①合同策划决定着项目组织结构及管理体制，决定着合同各方的责任、权利和工作的划分，所以对整个项目管理会产生根本性的影响。业主通过合同委托项目任务，并通过合同实现对项目的目标控制。

②合同策划是实施工程项目的手段，通过合同策划确定各方面的重大关系，无论对业主还是对承包商，完善的合同策划都可以保证合同圆满地履行，克服关系的不协调，减少矛盾和争议，顺地实现工程项目总目标。

（二）合同策划的依据

1. 从业主方面考虑

合同策划的依据主要有业主的资信、资金供应能力、管理水平和具有的管理力量，业主的目标以及目标的确定性，期望对工程管理的介入深度，业主对工程师和承包商的信任程度，业主的管理风格，业主对工程的质量和工期要求等。

2. 从承包商方面考虑

合同策划的依据主要有承包商的能力、资信、企业规模、管理风格和水平，在项目中的目标与动机、目前经营状况、过去同类工程经验、企业经营战略、长期动机、承受和抵御风险的能力等。

3. 从工程方面考虑

合同策划的依据主要有工程的类型、规模、特点，技术复杂程度、工程技术设计准确程度、工程质量要求和工程范围的确定性、计划程度，招标时间和工期的限制，项目的营利性，工程风险管理程序，工程资源（资金、材料和设备等）供应及限制条件等。

4. 从环境方面考虑

合同策划的依据主要有工程所处的法律环境，建筑市场竞争激烈程度，物价的稳定性，地质、气候、自然、现场条件的确定性，资源供应的保证程度，获得额外资源的可能性。

（三）合同策划的程序

①研究建筑企业的战略和项目战略，确定企业及项目对合同的要求。

②确定合同的总体原则和目标。

③分层次、分对象对合同的一些重大问题进行研究，列出各种可能的选择，按照合同策划的依据，综合分析各种选择的利弊得失。

④对合同的各个重大问题作出决策和安排，提出履行合同的措施。在合同策划中有时要采用各种预测决策方法、风险分析方法、技术经济分析方法。在开始准备每一份合同和准备签订每一份合同时都应对合同策划再做一次评价。

（四）合同策划的内容

在项目建设前期，合同策划主要是确定对整个项目建设具有根本性和方向性的问题，这对每个合同的订立和履行具有重大影响，它们对整个项目的计划、组织、控制起着决定性的作用。

1. 整个项目合同策划

整个项目合同策划涉及整个项目实施的战略性问题，例如，按勘察、设计、施工、监理及材料设备采购等建设任务将整个项目分解成多少个不同种类的合同，每种合同又可分解成多少个独立的合同，每个合同的工程内容和范围是什么，包括各个合同之间在内容上、时间上、组织上和技术上的协调。

（1）整个项目合同策划须考虑的问题

业主在进行整个项目合同策划时，需要考虑以下三个方面的条件：

①项目的特点和内容。如项目性质、建设规模、功能要求和特点，技术复杂程度、项目质量目标、投资目标和工期目标的要求，项目面临的各种可能的风险等。

②业主自身的条件。资金供应能力、管理力量和管理能力，期望对工程管理的介入深度等。

③环境条件。建筑市场上项目资源的供应条件，包括勘察、设计、施工、监理等承包单位的状况和竞争情况，它们的能力、资信、管理水平、过去同类工程经验等，材料设备等的供应及限制条件，地质、气候、自然、现场条件，项目所处的法律政策环境、物价的稳定性等。

（2）整个项目合同策划的方法

①按项目建设程序进行纵向策划。项目策划是一个从无到有、从建设内容和目标的不明确和不确定到逐渐明确和确定的渐进过程。作为项目策划重要内容之一的合同策划必然要伴随着项目的进展而逐渐展开。项目的进展则必须按照项目的建设程序来进行，所以，合同策划也应按项目的建设程序分层展开。例如，一个项目的建设首先是从规划设计开始的，规划方案的形成、设计方案的产生和确定主要是通过设计招标或者设计方案竞赛的方式完成的。在设计招标文件的制定中就要考虑将来要与谁签订设计合同，是方案中标者还是买断方案另外再找设计单位，或是将方案设计和初步设计发包给一家单位，施工图设计另外发包给一家或多家设计单位，甚至是实行设计施工总承包方式，如果面向国际进行设计招标，还要考虑如何签订设计合同等。

②按工作分解结构进行横向策划。按工作分解结构进行横向策划是指在项目进展的每个阶段，按照工程内容和范围，如何划分合同的问题，该项工作主要是按照项目分解结构（WBS），对要发包的工程内容进行打包或分标，最终与纵向合同策划共同形成整个项目的合同结构。

③动态调整。通过以上分析，合同策划不仅是分层展开的，同时，所形成的合同结构也不是一成不变的，而要随着已实施合同的执行情况、工程环境的变化，随着项目的进展进行动态调整、滚动实施。只有当整个项目结束时，才能最终形成一个完整的合同结构，这个最终的合同结构不仅是该工程的经验总结，同时，也可为其他工程的实施提供借鉴。

2. 具体合同的策划

当项目有了一个总体的合同方案后，需要对每个合同分别付诸实施，这就需要在每个合同订立（招标）前分别对具体的合同进行策划。作为确定的具体合同，合同策划的内容主要包括采用什么样的发包方式、采用什么样的合同文本、合同中一些重要条款的确定、合同订立和实施过程中一些重大问题的决策等。

（1）合同文本的起草或选择

合同文本（包括协议书、合同条件及其附件）是合同文件中最直接、最重要的部分。它规定着双方的责权利关系、价格、工期、合同违约责任和争议的解决等一系列重大问题，是合同管理的核心文件。

业主可以按照需要自己（或委托咨询机构）起草合同文本，也可以选择标准的合同文本，在具体应用时，可以按照自己的需要通过专用条款对通用条款的内容进行补充和修改。

这里需要指出的是，从工程实际出发，国内外目前比较普遍的做法是，直接采用标准的合同文本，标准合同文本可以使双方避免因起草合同文本而增加交易费用，且因标准合同文本中的一些内容已形成惯例，在合同履行中因双方有一致的理解可减少争议的发生，即使有争议发生，也因有权威的解释而使多数争议能顺利得到解决。

（2）重要合同条款的确定

合同是业主按市场经济要求配置项目资源的主要手段，是项目顺利进行的有力保证，合同又是双方责权利关系的根本体现和法律约束。由于业主起草招标文件，业主居于合同的主导地位，所以，业主要确定一些重要的合同条款。所谓重要的合同条款，从《合同法》的角度看，就是一般合同中所说的实质性条款，即合同中有关标的、数量、质量、价款或者报酬，履约的期限、地点和方式，违约责任，解决争议的办法等内容。

目前，在国际、国内普遍采用标准合同的条件下，重要的合同条款是指"专用条件"中须双方进行协商的有关条款。例如，在施工合同中，有关合同价格的条款，包括付款方式，如预付款、进度款、竣工结算、保修金等的支付时间、金额和方法等；合同价格调整的条件、范围和方法等，由于法律法规变化、费用变化、汇率和税率变化等对合同价格调整的规定等。

值得指出的是，尽管业主具有主导地位和买方市场的优势，对具体合同内容的策划，是从业主的角度考虑的，甚至可以将有些不尽合理和欠公平的条款写到招标文件中。但合同是双方自愿达成的协议，有些非招标文件中的规定或者可以在合同谈判阶段进行谈判的内容应最终通过合同谈判来确定。因此，业主在合同内容的策划中，对一些内容的确定应符合现实法律法规的规定。

第二节 建筑工程监理合同管理

一、监理合同概述

（一）监理合同的概念及作用

建筑工程监理合同简称监理合同，是指委托人与监理人就委托的工程项目管理内容签订的明确双方权利、义务的协议。

工程建设监理制是我国建筑业在市场经济条件下保证工程质量、规范市场主体行为、提高管理水平的一项重要措施。建设监理与发包人和承包商一起共同构成了建筑市场的主体,为了使建筑市场的管理规范化、法治化,大型工程建设项目不仅要实行建设监理制,而且要求发包人必须以合同的形式委托监理任务。监理工作的委托与被委托实质上是一种商业行为,所以必须以书面合同的形式来明确工程服务的内容,以便为发包人和监理单位的共同利益服务。监理合同不仅明确了双方的责任和合同履行期间应遵守的各项约定,成为当事人的行为准则,而且可以作为保护任何一方合法权益的依据。

作为合同当事人一方的工程建设监理公司,应具备相应的资格,不仅要求其是依法成立并已注册的法人组织,而且要求它所承担的监理任务应与其资质等级和营业执照中批准的业务范围相一致。既不允许低资质的监理公司承接高等级工程的监理业务,也不允许承接虽与其资质级别相适应、但工作内容超越其监理能力范围的工作,以保证所监理工程的目标能够顺利、圆满实现。

(二)监理合同的特点

监理合同是委托合同的一种,除具有与委托合同共同的特点外,还具有以下特点:

①监理合同的当事人双方应当是具有民事权利能力和民事行为能力且取得法人资格的企事业单位、其他社会组织,个人在法律允许的范围内也可以成为合同当事人。委托人必须是具有国家批准的建设项目,落实投资计划的企事业单位、其他社会组织及个人,作为受托人,必须是依法成立的具有法人资格的监理企业,并且所承担的工程监理业务应与企业资质等级和业务范围相符合。

②监理合同委托的工作内容必须符合工程项目建设程序,遵守有关法律、行政法规。监理合同以对建筑工程项目实施控制和管理为主要内容,因此监理合同必须符合建筑工程项目的程序,符合国家和住房城乡建设主管部门颁发的有关建筑工程的法律、行政法规、部门规章和各种标准、规范要求。

③建筑工程实施阶段所签订的其他合同,如勘察设计合同、施工承包合

同、物资采购合同、加工承揽合同的标的物是产生新的物质成果或信息成果，而监理合同的标的是服务，即监理人凭借自己的知识、经验、技能受发包人委托为其所签订其他合同的履行实施监督和管理。

（三）监理合同的形式

为了明确监理合同当事人双方的权利和义务关系，应当以书面形式签订监理合同，而不能采用口头形式。由于发包人委托监理的任务有繁有简，具体工程监理工作的特点各异，因此，监理合同的内容和形式也不尽相同。经常采用的监理合同形式有以下几种：

1. 双方协商签订的监理合同

双方协商签订的监理合同以法律和法规的要求作为基础，双方根据委托监理工作的内容和特点，通过友好协商订立有关条款，达成一致后签字盖章生效。合同的格式和内容不受任何限制，双方就权利和义务所关注的问题以条款形式具体约定即可。

2. 信件式监理合同

通常，由监理单位编制有关内容，由发包人签署批准意见，并留一份备案后退给监理单位执行。这种监理合同形式适用于监理任务较小或简单的小型工程，也可能是在正规合同的履行过程中，依据实际工作进展情况，监理单位认为需要增加某些监理工作任务时，以信件的形式请示发包人，经发包人批准后作为正规合同的补充合同文件。

3. 委托通知单

正规监理合同履行过程中，发包人以通知单形式把监理单位在订立委托监理合同时建议增加而当时未接受的工作内容进一步委托给监理方。这种委托只是在原定工作范围之外增加少量工作任务，一般情况下原定监理合同中的权利和义务不变。如果监理单位不表示异议，委托通知单就成为监理单位所接受的协议。

4. 标准化监理合同

为了使委托监理行为规范化，减少合同履行过程中的争议或纠纷，政府部门或行业组织制定出标准化的合同示范文本，供委托监理任务时作为合同文件采用。标准化监理合同通用性强，采用规范的合同格式，条款内容覆盖面广，双方只要把达成一致的内容写入相应的具体条款中即可。标准化监理合同由于将履行过程中所涉及的法律、技术、经济等各方面问题都作出了相应的规定，合理地分担双方当事人的风险并约定了各种情况下的执行程序，不仅有利于双方在签约时讨论、交流和统一认识，而且有助于监理工作的规范化实施。

（四）合同主体

建筑工程监理合同的当事人是委托人和监理人，但根据我国目前法律和法规的规定，当事人应当是法人或依法成立的组织，而不是某一自然人。

1. 委托人

（1）委托人的资格

委托人是指承担直接投资责任、委托监理业务的合同当事人及其合法继承人，通常为建筑工程的项目法人，是建设资金的持有者和建筑产品的所有人。

（2）委托人的代表

为了与监理人做好配合工作，委托人应任命一位熟悉工程项目情况的常驻代表，负责与监理人联系。对该代表人应有一定的授权，使其能对监理合同履行过程中出现的有关问题和工程施工过程中发生的某些情况迅速作出决定。这位常驻代表不仅是与监理人的联系人，还是与施工单位的联系人，既有监督监理合同和施工合同履行的责任，也有承担两个合同履行过程中与其他有关方面进行协调配合的义务。委托人代表在授权范围内行使委托人的权利，履行委托人应尽的义务。

为了使合同管理工作能够连贯、有序地进行，派驻现场的代表人在合同有效期内应尽可能地相对稳定，不能经常更换。当委托人需要更换常驻代表时，应提前通知监理人，并代之一位同等能力的人员。后续继任人对前任代表依据合同已做过的书面承诺、批准文件等，均应承担履行义务，不得以任何借口推卸责任。

2. 监理人

（1）监理人的资格

监理人是指承担监理业务和监理责任的监理单位及其合法继承人。监理人必须具有相应履行合同义务的能力，即拥有与委托监理业务相应的资质等级证书和注册登记的允许承揽委托范围工作的营业执照。

（2）监理机构

监理机构是指监理人派驻建设项目工程现场，实施监理业务的组织。

（3）总监理工程师

监理人派驻现场监理机构从事监理业务的监理人员实行总监理工程师负责制。监理人与委托人签订监理合同后，应迅速组织派驻现场实施监理业务的监理机构，并将委派的总监理工程师人选和监理机构主要成员名单及监理规划报送委托人。在合同正常履行的过程中，总监理工程师将与委托人派驻现场的常驻代表建立联系交往的工作关系。总监理工程师既是监理机构的负责人，也是监理人派驻工程现场的常驻代表人。除非发生了涉及监理合同正常履行的重大事件而须委托人和监理人协商解决外，正常情况下监理合同的履行和委托人与第三方签订的被监理合同的履行，均由双方代表人负责协调和管理。

监理人委派的总监理工程师人选，是委托人选定监理人时所考察的重要因素之一，所以不允许随意更换。监理合同生效后或合同履行过程中，如果监理人的确需要更换总监理工程师，应以书面形式提出请求，给出申明更换的理由和提供后继人选的情况介绍，经过委托人批准后方可更换。

二、监理合同订立

（一）监理合同的范围

首先，签约双方应对对方的基本情况有所了解，包括资质等级、营业资格、财务状况、工作业绩、社会信誉等。作为监理人还应根据自身状况和工程情况，考虑竞争该项目的可行性。其次，监理人在获得委托人的招标文件或与委托人草签协议之后，应立即对工程所需费用进行预算，提出报价，同时对招标文件中的合同文本进行分析、审查，为合同谈判和签约提供决策依据。无论以何种方式招标中标，委托人和监理人都要就监理合同的主要条款进行谈判。谈判内容要具体，责任要明确，要有准确的文字记载。作为委托人，切忌以手中有工程的委托权，而不以平等的原则对待监理人。应当看到，监理人的良好服务将为委托人带来巨大的利益。作为监理人，应利用法律赋予的平等权利进行对等谈判，对重大问题不能迁就和无原则让步。经过谈判，当双方就监理合同的各项条款达成一致时，即可正式签订合同。

监理合同的范围包括监理人为委托人提供服务的范围和工作量。委托人委托监理业务的范围可以非常广泛，从工程建设各阶段来说，可以包括项目前期立项咨询、设计阶段、实施阶段、保修阶段的全部监理工作或某一阶段的监理工作。在每一阶段内，又可以进行投资、质量和工期的三大控制以及信息、合同两项管理。但就具体项目而言，要根据工程的特点、监理人的能力、建设不同阶段的监理任务等方面，将委托的监理任务详细地写入合同的专用条款之中。如进行工程技术咨询服务，工作范围可确定为进行可行性研究，各种方案的成本效益分析，建筑设计标准、技术规范准备，提出质量保证措施等。施工阶段的监理可包括：

①协助委托人选择承包人，组织设计、施工、设备采购等招标。

②技术监督和检查：检查工程设计、材料和设备质量，监理和检查操作或施工质量等。

③施工管理：质量控制、成本控制、计划和进度控制等。

通常，施工监理合同中的"监理工作范围"条款，一般应与工程项目总概算、单位工程概算所涵盖的工程范围相一致，或与工程总承包合同、单项工程承包所涵盖的范围相一致。

（二）订立监理合同时的注意事项

1. 坚持按法定程序签署合同

监理委托合同的签订，意味着委托关系的形成，委托方与被委托方的关系都将受到合同的约束。因而，签订合同必须由双方法定代表人或经其授权的代表签署并监督执行。在合同签署过程中，应检验代表对方签字人的授权委托书，避免合同失效或不必要的合同纠纷。

2. 不可忽视来往函件

在合同洽商过程中，双方通常会用一些函件来确认双方达成的某些口头协议或书面文件，后者构成招标文件和投标文件的组成部分。为了确认合同责任以及明确双方对项目的有关理解和意图，以免将来产生分歧，签订合同时双方达成一致的部分应写入合同附录或专用条款内。

3. 其他应注意的问题

在监理委托合同的签署过程中，双方都应认真、仔细，涉及合同的每一份文件都是双方在执行合同过程中对各自承担义务相互理解的基础。一旦出现争议，这些文件也是保护双方权利的法律基础。因此，一是要注意合同文字的简洁、清晰，每个措辞都应该是经过双方充分讨论的结果，以保证对工作范围、采取的工作方式方法以及双方对相互之间的权利和义务的确切理解。一份写得很清楚的合同，如果未经充分的讨论，也只能是"一厢情愿"的东西，双方的理解不可能完全一致。二是对于一项对时间要求特别紧迫的任务，在委托方选择了监理单位后，签订委托合同前，双方可以通过使用意图性信件进行交流，监理单位对意图性信件的用词要认真审查，尽量使对方容易理解和接受，否则，就有可能在忙乱中致使合同谈判失败或者遭受其他意外损失。三是监理单位在合同事务中，要注意充分利用有效的法律服务。监理委托合同的法律性很强，监理单位必须配备这方面的专家，这样在准备标准合同格式、检查其他人提供的合同文件及研究意图性信件时，才不至于出现失误。

三、监理合同履行

（一）监理人应完成的监理工作

虽然监理合同的专用条件内注明了监理工作的范围和内容，但从工作性质而言，这是属于正常的监理工作。而作为监理人必须履行的合同义务，除正常监理工作外，还应包括附加监理工作。这类工作属于订立合同时未能或不能合理预见，而在合同履行过程中发生，需要监理人完成的工作。

1. 正常工作

监理服务的正常工作是指合同订立时通用条件和专用条件中约定的监理人的工作。监理人提供的是一种特殊的中介服务，委托人可以委托的监理服务内容很广泛。但就具体工程项目而言，则要根据工程的特点、监理人的能力、建设不同阶段所需要的监理任务等方面，将委托的监理业务详细地写入合同的专用条件中，以便使监理人明确责任范围。

2. 附加工作

附加工作是指合同约定的正常工作以外的监理人的工作，主要包括以下三个方面：

①由于委托人、第三方原因，使监理工作受到阻碍或延误，以致增加了工作量或延续时间。

②原应由委托人承担的义务，后由双方达成协议改由监理人来承担的工作。此类附加工作通常是指委托人按合同内约定应免费提供监理人使用的仪器设备或提供的人员服务。例如，合同约定委托人为监理人提供某一检测仪器，其在采购仪器前发现监理人拥有这个仪器且正在闲置期间，双方达成协议后由监理人使用自备仪器。又如，合同约定委托人为监理人在施工现场设置检测试验室，后通过协议不再建立此试验室，执行监理业务时需要进行的检测由监理机构到具有检测能力的检验机构去做并支付相应的费用。

③监理人应委托人要求提出更改服务内容建议而增加的工作内容。例如，施工承包人需要使用某种新工艺或新技术，而对其质量在现行规范中又无依据可查，监理人提出应制定对该项工艺质量的检验标准，委托人接受提议并要求监理机构来制定，则此项编制工作属于附加工作。

由于附加工作是委托正常工作之外要求监理人必须履行的义务，因此委托人在其完成工作后应另行支付附加监理工作报告酬金和额外监理工作酬金，但酬金的计算办法应在专用条件内予以约定。

（二）委托人的义务

1. 告知

委托人应在委托人与承包人签订的合同中明确监理人、总监理工程师和授予项目监理机构的权限。如有变更，应及时通知承包人。

2. 提供资料

委托人应按照约定，无偿向监理人提供与工程有关的资料。在合同履行过程中，委托人应及时向监理人提供最新的与工程有关的资料。

3. 提供工作条件

委托人应为监理人完成监理与相关服务提供必要的条件：

①委托人应按照约定派遣相应的人员，提供房屋、设备供监理人无偿使用；

②委托人应负责协调工程建设中所有的外部关系，为监理人履行合同提供必要的外部条件。

4. 委托人代表

委托人应授权一名熟悉工程情况的代表，负责与监理人联系。委托人应在双方签订合同后7天内，将委托人代表的姓名和职责书面告知监理人。当委托人更换委托人代表时，应提前7天通知监理人。

5. 委托人意见或要求

在合同约定的监理与相关服务的工作范围内，委托人对承包人的任何意见或要求均应通知监理人，由监理人向承包人发出相应的指令。

6. 答复

委托人应在专用条件约定的时间内，对监理人以书面形式提交并要求对作出决定的事宜给予书面答复。逾期未答复的，视为委托人认可。

7. 做好协助工作

为监理人顺利履行合同义务，做好协助工作。协助工作包括以下几个方面：

①将授予监理人的监理权利以及监理人监理机构主要成员的职能分工、监理权限及时书面通知已选定的第三方，在第三方签订的合同中予以明确；

②在双方议定的时间内，免费向监理人提供与工程有关的监理服务所需要的工程资料；

③为监理人驻工地监理机构开展正常工作提供协助服务，服务内容包括

信息服务、物质服务和人员服务三个方面。

信息服务是指协助监理人获取工程使用的原材料、构配件、机构设备等生产厂家名录，以掌握产品质量信息，向监理人提供与本工程有关的协作单位、配合单位的名录，以方便监理工作的组织协调。

物质服务是指免费向监理人提供合同专用条件约定的设备、设施、生活条件等。一般包括检测试验设备、测量设备、通信设备、交通设备、气象设备、照相录像设备、打字复印设备、办公用房及生活用房等。这些属于委托人财产的设备和物品，在监理任务完成和终止时，监理人应将其交还委托人。如果双方议定某些本应由委托人提供的设备由监理人自备，则应给监理人合理的经济补偿。对于这种情况，要在专用条件的相应条款内明确经济补偿的计算方法，通常为：

补偿金额＝设施在工程使用时间占折旧年限的比例×设施原值＋管理费

人员服务是指如果双方议定，委托人应免费向监理人提供职员和服务人员，也应在专用条件中写明提供的人数和服务时间。当涉及监理服务工作时，委托人所提供的职员只应从监理人处接受指示。监理人应与这些提供服务的人员密切合作，但不对其失职行为负责。如委托人选定某一科研机构的试验室负责对材料和工艺质量进行检测试验，并与其签订委托合同。试验机构的人员应接受监理人的指示完成相应的试验工作，但监理人既不对检测试验数据的错误负责，也不对由此而导致的判断失误负责。

8. 支付

①监理人应在合同约定的每次应付款时间的7天前，向委托人提交支付申请书。支付申请书应当说明当期应付款总额，并列出当期应支付的款项及其金额。

②委托人应按合同约定，向监理人支付酬金。

③监理酬金在合同履行过程中一般按阶段支付给监理人。每次阶段支付时，监理人应按合同约定的时间向委托人提交该阶段的支付报表。报表内容应包括按照专用条件约定方法计算的正常监理服务酬金和其他应由委托人额外支付的合理开支项目，并相应提供必要的工作情况说明及有关证明材料。

如果发生附加服务工作或额外服务工作，则该项酬金计算也应包含在报表之内。

④委托人收到支付报表后，对报表内的各项费用应审查其取费的合理性和计算的正确性。如有预付款，则还应按合同约定在应付款额内扣除应归还的部分。委托人应在收到支付报表后在合同约定的时间内予以支付，否则从规定支付之日起按约定的利率加付该部分应付款的延误支付利息。如果委托人对监理人提交的支付报表中所列的酬金或部分酬金项目有异议，应当在收到报表后24小时内向监理人发出异议通知。若未能在规定时间内提出异议，则应认为监理人在支付报表内要求支付的酬金是合理的。虽然委托人对某些酬金项目提出异议并发出相应通知，但不能以此为理由拒付或拖延支付其他无异议的酬金项目，否则也将按逾期支付处理。

（三）监理人的义务

1. 监理的范围和工作内容

监理范围在专用条件中约定。除专用条件另有约定外，监理工作内容包括以下几项：

①收到工程设计文件后编制监理规划，并在第一次工地会议7天前报委托人。根据有关规定和监理工作需要，编制监理实施细则。

②熟悉工程设计文件，并参加由委托人主持的图纸会审和设计交底会议。

③参加由委托人主持的第一次工地会议，主持监理例会并根据工程需要主持或参加专题会议。

④审查施工承包人提交的施工组织设计，重点审查其中的质量安全技术措施、专项施工方案与工程建设强制性标准的符合性。

⑤检查施工承包人工程质量、安全生产管理制度及组织机构和人员资格。

⑥检查施工承包人专职安全生产管理人员的配备情况。

⑦审查施工承包人提交的施工进度计划，核查承包人对施工进度计划的调整。

⑧检查施工承包人的实验室。

⑨审核施工分包人资质条件。

⑩查验施工承包人的施工测量放线成果。

⑪审查工程开工条件,对条件具备的签发开工令。

⑫审查施工承包人报送的工程材料、构配件、设备质量证明文件的有效性和符合性,并按规定对用于工程的材料采取平行检验或见证取样的方式进行抽检。

⑬审核施工承包人提交的工程款支付申请,签发或出具工程款支付证书,并报委托人审核、批准。

⑭在巡视、旁站和检验过程中,发现工程质量、施工安全存在事故隐患的,要求施工承包人整改并报委托人。

⑮经委托人同意,签发工程暂停令和复工令。

⑯审查施工承包人提交的采用新材料、新工艺、新技术、新设备的论证材料及相关验收标准。

⑰验收隐蔽工程、分部分项工程。

⑱审查施工承包人提交的工程变更申请,协调处理施工进度调整、费用索赔、合同争议等事项。

⑲审查施工承包人提交的竣工验收申请,编写工程质量评估报告。

⑳参加工程竣工验收,签署竣工验收意见。

㉑审查施工承包人提交的竣工结算申请并报委托人。

㉒编制、整理工程监理归档文件并报委托人。

2. 项目监理机构和人员

①监理人应组建满足工作需要的项目监理机构,配备必要的检测设备。项目监理机构的主要人员应具有相应的资格条件。

②合同在履行过程中,总监理工程师及重要岗位监理人员应保持相对稳定,以保证监理工作的正常进行。

③监理人可根据工程进展和工作需要调整项目监理机构人员。监理人更换总监理工程师时,应提前7天向委托人作书面报告,经委托人同意后方可

更换；监理人更换项目监理机构其他监理人员，应以相当资格与能力的人员更换并通知委托人。

④监理人应及时更换有下列情形之一的监理人员：

a. 有严重过失行为的；

b. 有违法行为不能履行职责的；

c. 涉嫌犯罪的；

d. 不能胜任岗位职责的；

e. 严重违反职业道德的；

f. 专用条件约定的其他情形。

⑤委托人可要求监理人更换不能胜任本职工作的项目监理机构人员。

3. 履行职责

监理人应遵循职业道德准则和行为规范，严格按照法律法规、工程建设有关标准及合同履行职责。

①在监理与相关服务范围内，委托人和承包人提出的意见和要求，监理人应及时提出处置意见。当委托人与承包人之间发生合同争议时，监理人应协助委托人、承包人协商解决。

②当委托人与承包人之间的合同争议提交仲裁机构仲裁或人民法院审理时，监理人应提供必要的证明资料。

③监理人应在专用条件约定的授权范围内，处理委托人与承包人所签订合同的变更事宜。如果变更超过授权范围，应以书面形式报委托人批准。

在紧急情况下，为了保护财产和人身安全，监理人所发出的指令未能事先报委托人批准时，应在发出指令后的 24 小时内以书面形式报委托人。

④除专用条件另有约定外，监理人发现承包人的人员不能胜任本职工作的，有权要求承包人予以更换。

4. 提交报告

监理人应按专用条件约定的种类、时间和份数向委托人提交监理与相关服务的报告。

5. 文件资料

在合同履行期内，监理人应在现场保留工作所用的图纸、报告及记录监理工作的相关文件。工程竣工后，应当按照档案管理规定将监理的有关文件归档。

6. 使用委托人的财产

监理人可无偿使用由委托人派遣的人员和提供的房屋、资料、设备。除专用条件另有约定外，委托人提供的房屋、设备属于委托人的财产，监理人应妥善使用和保管，在合同终止时将这些房屋、设备的清单提交委托人，并按专用条件约定的时间和方式移交。

（四）合同生效后监理人的履行

监理合同一经生效，监理人就要按合同规定行使权利，履行应尽义务。

①确定项目总监理工程师，成立项目监理机构。每一个拟监理的工程项目，监理人都应根据工程项目规模、性质、委托人对监理的要求，委派称职的人员担任项目的总监理工程师，代表监理人全面负责该项目的监理工作。总监理工程师对内向监理人负责，对外向委托人负责。

在总监理工程师的具体领导下，组建项目的监理机构，并根据签订的监理委托合同，制定监理规划和具体的实施计划，开展监理工作。

一般情况下，监理人在承接项目监理业务时，在参与项目监理的投标、拟定监理方案（大纲）以及与委托人商签监理委托合同时，即应选派人员主持该项工作。在监理任务确定并签订监理委托合同后，该主持人即可作为项目总监理工程师。这样，项目的总监理工程师在承接任务阶段就介入，更能了解委托人的建设意图和对监理工作的要求，并能更好地与后续工作衔接。

②制定工程项目监理规划。工程项目的监理规划，是开展项目监理活动的纲领性文件，根据委托人委托监理的要求，在详细占有监理项目有关资料的基础上，结合监理的具体条件编制开展监理工作的指导性文件。其内容包括工程概况、监理范围和目标、监理主要措施、监理组织、项目监理工作制度等。

③制定各专业监理工作计划或实施细则。在监理规划的指导下，为具体指导投资控制、质量控制、进度控制的进行，还须结合工程项目的实际情

况，制定相应的实施性计划或细则。

④根据制定的监理工作计划和运行制度，规范化地开展监理工作。

⑤监理工作总结归档。监理工作总结包括以下三部分内容：

第一部分是向委托人提交监理工作总结。其内容主要包括：监理委托合同履行情况概述，监理任务或监理目标完成情况评价，由委托人提供的供监理活动使用的办公用房、车辆、试验设施等清单；表明监理工作终结的说明；等等。

第二部分是监理单位内部的监理工作总结。其内容主要包括：监理工作的经验，可以是采用某种监理技术、方法的经验，也可以是采用某种经济措施、组织措施的经验以及签订监理委托合同方面的经验；如何处理好与委托人、承包单位关系的经验；等等。

第三部分是监理工作中存在的问题及改进的建议，以指导今后的监理工作，并向政府有关部门提出政策建议，不断提高我国工程建设监理的水平。

在全部监理工作完成后，监理人应注意做好监理合同的归档工作。监理合同归档资料应包括：监理合同（含与合同有关的在履行中与委托人之间进行的签证、补充合同备忘录、函件、电报等）、监理大纲、监理规划、在监理工作中的程序性文件（包括监理会议纪要、监理日记等）。

（五）违约责任

1. 监理人的违约责任

监理人未履行合同义务的，应承担相应的责任。

①因监理人违反合同约定给委托人造成损失的，监理人应当赔偿委托人损失。赔偿金额的确定方法在专用条件中约定。监理人承担部分赔偿责任的，其所承担的赔偿金额由双方协商确定。

②监理人向委托人的索赔不成立时，监理人应赔偿委托人由此发生的费用。

2. 委托人的违约责任

委托人未履行合同义务的，应承担相应的责任。

①委托人违反合同约定造成监理人损失的，委托人应予以赔偿。

②委托人向监理人的索赔不成立时，应赔偿监理人由此引发的费用。

③委托人未能按期支付酬金超过 28 天，应按专用条件约定支付逾期付款利息。

3. 除外责任

因非监理人的原因且监理人无过错，发生工程质量事故、安全事故、工期延误等造成的损失，监理人不承担赔偿责任。

因不可抗力导致合同全部或部分不能履行时，双方各自承担因此而造成的损失、损害。

4. 对监理人违约处理的规定

①当委托人发现从事监理工作的某个人员不能胜任工作或有严重失职行为时，有权要求监理人将该人员调离监理岗位。监理人接到通知后，应在合理的时间内调换该工作人员，而且不应让其在该项目上再承担任何监理工作。如果发现监理人或某些工作人员从被监理方获取任何贿赂或好处，将构成监理人严重违约。对于监理人的严重失职行为或有失职业道德的行为而使委托人受到损害的，委托人有权终止合同关系。

②监理人在责任期内因其过失行为而造成委托人损失的，委托人有权要求其给予赔偿。赔偿的计算方法是扣除与该部分监理酬金相适应的赔偿金，但赔偿总额不应超出扣除税金后的监理酬金总额。如果监理人员不按合同履行监理职责，或与承包人串通给委托人或工程造成损失的，委托人有权要求监理人更换监理人员，直到终止合同，并要求监理人承担相应的赔偿责任或连带赔偿责任。

5. 因违约终止合同

①委托人因自身应承担责任原因要求终止合同。合同履行过程中，由于发生严重的不可抗力事件、国家政策的调整或委托人无法筹措到后续工程的建设资金等情况，需要暂停或终止合同时，应至少提前 56 天向监理人发出通知。此后，监理人应立即安排停止服务，并将开支减至最小。双方通过协商对监理人受到的实际损失给予合理补偿后，协议终止合同。

②委托人因监理人的违约行为要求终止合同。当委托人认为监理人无正当理由而又未履行监理义务时，可向监理人发出指明其未履行义务的通知。若委托人在发出通知后21天内没有收到监理人的满意答复，可在第一个通知发出后35天内，进一步发出终止合同的通知。委托人的终止合同通知发出后，监理合同即行终止，但不影响合同内约定的各方享有的权利和应承担的责任。

③监理人因委托人的违约行为要求终止合同。如果委托人不履行监理合同中约定的义务，则应承担违约责任，赔偿监理人由此造成的经济损失。标准条件规定，监理方可在发生如下情况之一时单方面提出终止与委托人的合同关系：

a. 合同在履行过程中，由于实际情况发生变化而使监理人被迫暂停监理业务时间超过半年；

b. 委托人发出通知指示监理人暂停执行监理业务时间超过半年，而还不能恢复监理业务；

c. 委托人严重拖欠监理酬金。

第三节　建筑工程勘察合同管理

一、勘察合同概述

建筑工程勘察是指根据建筑工程的要求，查明、分析、评价建筑场地的地质地理环境特征和岩土工程条件，编制建筑工程勘察文件的活动。

为了指导建筑工程勘察合同当事人的签约行为，维护合同当事人的合法权益，依据《合同法》《建筑法》《招标投标法》等相关法律法规的规定，住房和城乡建设部、国家市场监督管理总局对《建筑工程勘察合同（一）［岩土工程勘察、水文地质勘察（含凿井）、工程测量、工程物探］》（GF—2000—0203）及《建筑工程勘察合同（二）［岩土工程设计、治理、监测］》（GF—2000—0204）进行修订，制定了《建筑工程勘察合同（示范文本）》（GF—2016—0203）。

建筑工程勘察合同是建筑工程勘察的发包方与勘察人（即承包方）为完成一定的勘察任务，明确双方的权利和义务而签订的协议。

建筑工程勘察合同的发包方一般为建设单位或工程项目业主，承包方（即勘察方）必须是具有国家认可的相应资质等级的勘察单位。承包方不能承接与其资质等级不符的工程项目的勘察任务，发包方在进行发包工程项目的勘察任务时，也要注意审查勘察单位的资质等级证书和勘察许可证。否则，如果造成勘察工程项目的越级承包，则合同会因主体资格不合法而被认定无效。建筑工程的勘察合同必须依照法律规定的程序订立，并须有国家有关机关批准的设计任务书和其他的必备资料文件。否则，将使合同的效力受到重大影响。

勘察合同具有以下作用：

①有利于保证建筑工程勘察任务按期、按质、按量顺利完成；

②有利于委托与承包双方明确各自的权利、义务的内容以及违约责任，一旦发生纠纷，责任明确，可避免许多不必要的争执；

③促使双方当事人加强管理与经济核算，提高管理水平；

④为监理人在项目勘察阶段的工作提供了法律依据和监理内容。

二、勘察合同订立

（一）勘察合同订立要求

依法必须进行招标的建筑工程勘察任务通过招标的方式确定勘察单位后，应遵循工程项目建设程序，签订勘察合同。

签订勘察合同由建设单位、设计单位或有关单位提出委托，经双方协商同意，即可签订。

①确定合同标的。合同标的是合同的中心。

②选定承包商。依法必须招标的项目，按招标投标程序优选出中标人即承包商。小型项目及可以不招标的项目由发包人直接选定承包商。但选定的过程为向几家潜在承包商询价、初商合同的过程，也即发包人提出勘察的内容、质量等要求并提交勘察所需资料，承包商据以报价、作出方案及进度安

排的过程。

③商签勘察合同。如果是通过招标方式确定承包商的，则由于合同的主要条件都在招标文件、投标文件中得到确认，进入签约阶段需要协商的内容就不是很多。而通过协商、直接委托的合同谈判，则要涉及几乎所有的合同条款，必须认真对待。

勘察合同的当事人双方进行协商，就合同的各项条款取得一致意见，且双方法人或指定的代表在合同文本上签字，并加盖公章，这样的合同才具有法律效力。

（二）勘察合同适用范围

勘察合同适用于岩土工程勘察、岩土工程设计、岩土工程物探/测试/检测/监测、水文地质勘察及工程测量等工程勘察活动，岩土工程设计也可使用《建筑工程设计合同示范文本（专业建筑工程）》（GF－2015－0210）。

（三）勘察合同示范文本

《建筑工程勘察合同（示范文本）》由合同协议书、通用合同条款和专用合同条款三部分组成。

1. 合同协议书

《建筑工程勘察合同（示范文本）》合同协议书共计12条，主要包括工程概况、勘察范围和阶段、技术要求及工作量、合同工期、质量标准、合同价款、合同文件构成、承诺、词语定义、签订时间、签订地点、合同生效和合同份数等内容，集中约定了合同当事人基本的合同权利和义务。

2. 通用合同条款

通用合同条款是合同当事人根据《合同法》《建筑法》《招标投标法》等相关法律法规的规定，就工程勘察的实施及相关事项对合同当事人的权利和义务作出的原则性约定。

通用合同条款具体包括一般约定、发包人、勘察人、工期、成果资料、后期服务、合同价款与支付、变更与调整、知识产权、不可抗力、合同生效与终止、合同解除、责任与保险、违约、索赔、争议解决及补充条款共计17条。上述条款安排既考虑了现行法律法规对工程建设的有关要求，也考虑了工程勘察管理的特殊需要。

3. 专用合同条款

专用合同条款是对通用合同条款原则性约定的细化、完善、补充、修改或另行约定的条款。合同当事人可以根据不同建筑工程的特点及具体情况，通过双方的谈判、协商对相应的专用合同条款进行修改补充。

三、勘察合同履行

（一）发包人的权利与义务

1. 发包人的权利

①发包人对勘察人的勘察工作有权依照合同约定实施监督，并对勘察成果予以验收。

②发包人对勘察人无法胜任工程勘察工作的人员有权提出更换。

③发包人拥有勘察人为其项目编制的所有文件资料的使用权，包括投标文件、成果资料和数据等。

2. 发包人的义务

①发包人应以书面形式向勘察人明确勘察任务及技术要求。

②发包人应提供开展工程勘察工作所需要的图纸及技术资料，包括总平面图、地形图、已有水准点和坐标控制点等，若上述资料由勘察人负责搜集时，发包人应承担相关费用。

③发包人应提供工程勘察作业所需的批准及许可文件，包括立项批复、占用和挖掘道路许可等。

④发包人应为勘察人提供具备条件的作业场地及进场通道（包括土地征用、障碍物清除、场地平整、提供水电接口和青苗赔偿等）并承担相关费用。

⑤发包人应为勘察人提供作业场地内地下埋藏物（包括地下管线、地下构筑物等）的资料、图纸，没有资料、图纸的地区，发包人应委托专业机构查清地下埋藏物。若因发包人未提供上述资料、图纸，或提供的资料、图纸不实，致使勘察人在工程勘察工作过程中发生人身伤害或造成经济损失时，

由发包人承担赔偿责任。

⑥发包人应按照法律法规规定为勘察人安全生产提供条件并支付安全生产防护费用，发包人不得要求勘察人违反安全生产管理规定进行作业。

⑦若勘察现场需要看守，特别是在有毒、有害等危险现场作业时，发包人应派人员负责安全保卫工作；按国家有关规定，对从事危险作业的现场人员进行保健防护，并承担费用。发包人对安全文明施工有特殊要求时，应在专用合同条款中另行约定。

⑧发包人应对勘察人满足质量标准的已完成工作，按照合同约定及时支付相应的工程勘察合同价款及费用。

（二）勘察人的权利与义务

1. 勘察人的权利

①勘察人在工程勘察期间，根据项目条件和技术标准、法律法规规定等方面的变化，有权向发包人提出增减合同工作量或修改技术方案的建议。

②除建筑工程主体部分的勘察外，根据合同约定或经发包人同意，勘察人可以将建筑工程其他部分的勘察分包给其他具有相应资质等级的建筑工程勘察单位。发包人对分包的特殊要求应在专用合同条款中另行约定。

③勘察人对其编制的所有文件资料，包括投标文件、成果资料、数据和专利技术等拥有知识产权。

2. 勘察人的义务

①勘察人应按勘察任务书和技术要求并依据有关技术标准进行工程勘察工作。

②勘察人应建立质量保证体系，按本合同约定的时间提交质量合格的成果资料，并对其质量负责。

③勘察人在提交成果资料后，应为发包人继续提供后期服务。

④勘察人在工程勘察期间遇到地下文物时，应及时向发包人和文物主管部门报告并妥善保护。

⑤勘察人开展工程勘察活动时应遵守有关职业健康及安全生产方面的各项法律法规的规定，采取安全防护措施，确保人员、设备和设施的安全。

⑥勘察人在燃气管道、热力管道、动力设备、输水管道、输电线路、临街交通要道及地下通道（地下隧道）附近等风险性较大的地点，以及在易燃易爆地段与放射、有毒环境中进行工程勘察作业时，应编制安全防护方案并制定应急预案。

⑦勘察人应在勘察方案中列明环境保护的具体措施，并在合同履行期间采取合理的措施保护现场作业环境。

（三）勘察合同变更与调整

1. 变更范围

工程勘察合同变更是指在合同签订日后发生的以下变更：

①法律法规及技术标准的变化引起的变更；

②规划方案或设计条件的变化引起的变更；

③不利物质条件引起的变更；

④发包人的要求变化引起的变更；

⑤因政府临时禁令引起的变更；

⑥其他专用合同条款中约定的变更。

2. 变更确认

当引起变更的情形出现，除专用合同条款对期限另有约定外，勘察人应在 7 天内就调整后的技术方案以书面形式向发包人提出变更要求，发包人应在收到报告后 7 天内予以确认，逾期不予确认也不提出修改意见，视为同意变更。

3. 变更合同价款确定

①变更合同价款按下列方法进行：

a. 合同中已有适用于变更工程的价格，按合同已有的价格变更合同价款；

b. 合同中只有类似于变更工程的价格，可以参照类似价格变更合同价款；

c. 合同中没有适用或类似于变更工程的价格，由勘察人提出适当的变更价格，经发包人确认后执行。

②除专用合同条款对期限另有约定外,一方应在双方确定变更事项后14天内向对方提出变更合同价款报告,否则视为该项变更不涉及合同价款的变更。

③除专用合同条款对期限另有约定外,一方应在收到对方提交的变更合同价款报告之日起14天内予以确认。逾期无正当理由不予确认的,则视为该项变更合同价款报告已被确认。

④一方不同意对方提出的合同价款变更,按合同中(争议解决)的约定处理。

⑤因勘察人自身原因导致的变更,勘察人无权要求追加合同价款。

(四)勘察合同违约、争议处理与索赔

1. 违约

(1)发包人违约

①合同生效后,发包人无故要求终止或解除合同,勘察人未开始勘察工作的,不退还发包人已付的定金或发包人按照专用合同条款约定向勘察人支付违约金;勘察人已开始勘察工作的,若完成计划工作量不足50%的,发包人应支付勘察人合同价款的50%;完成计划工作量超过50%的,发包人应支付勘察人合同价款的100%。

②发包人发生其他违约情形时,发包人应承担由此增加的费用和工期延误损失,并给予勘察人合理赔偿。双方可在专用合同条款内约定发包人赔偿勘察人损失的计算方法或者发包人应支付违约金的数额或计算方法。

(2)勘察人违约

①合同生效后,勘察人因自身原因要求终止或解除合同,勘察人应双倍返还发包人已支付的定金或勘察人按照专用合同条款约定向发包人支付违约金。

②因勘察人原因造成工期延误的,应按专用合同条款约定向发包人支付违约金。

③因勘察人原因造成成果资料质量达不到合同约定的质量标准,勘察人应负责无偿给予补充完善使其达到质量合格。因勘察人原因导致工程质量安

全事故或其他事故时，勘察人除负责采取补救措施外，还应通过所投工程勘察责任保险向发包人承担赔偿责任或根据直接经济损失程度按专用合同条款约定向发包人支付赔偿金。

④勘察人发生其他违约情形时，勘察人应承担违约责任并赔偿因其违约给发包人造成的损失，双方可在专用合同条款内约定勘察人赔偿发包人损失的计算方法和赔偿金额。

2. 争议处理

（1）和解

因勘察合同以及与勘察合同有关事项发生争议的，双方可以就争议自行和解。自行和解达成协议的，经签字并盖章后作为合同补充文件，双方均应遵照执行。

（2）调解

因勘察合同以及与勘察合同有关事项发生争议的，双方可以就争议请求行政主管部门、行业协会或其他第三方进行调解。调解达成协议的，经签字并盖章后作为合同补充文件，双方均应遵照执行。

（3）仲裁或诉讼

因勘察合同以及与勘察合同有关事项发生争议的，当事人不愿和解、调解或者和解、调解不成的，双方可以在专用合同条款内约定以下一种方式解决争议：

①双方达成仲裁协议，向约定的仲裁委员会申请仲裁；

②向有管辖权的人民法院起诉。

3. 索赔

（1）发包人索赔

勘察人未按合同约定履行义务或发生错误以及应由勘察人承担责任的其他情形，造成工期延误及发包人的经济损失，除专用合同条款另有约定外，发包人可按下列程序以书面形式向勘察人索赔。

①违约事件发生后 7 天内，向勘察人发出索赔意向通知。

②发出索赔意向通知后 14 天内，向勘察人提交经济损失的索赔报告及

有关资料。

③勘察人在收到发包人送交的索赔报告和有关资料或补充索赔理由、证据后，于 28 天内给予答复。

④勘察人在收到发包人送交的索赔报告和有关资料后 28 天内未予答复或未对发包人作进一步要求，视为该项索赔已被认可。

⑤当该违约事件持续进行时，发包人应阶段性地向勘察人发出索赔意向，在违约事件终了后 21 天内，向勘察人送交索赔的有关资料和最终索赔报告。索赔答复程序与③④项约定相同。

(2) 勘察人索赔

发包人未按合同约定履行义务或发生错误以及应由发包人承担责任的其他情形，造成工期延误和（或）勘察人不能及时得到合同价款及经济损失，除专用合同条款另有约定外，勘察人可按下列程序以书面形式向发包人索赔。

①违约事件发生后 7 天内，勘察人可向发包人发出要求其采取有效措施纠正违约行为的通知；发包人收到通知 14 天内仍不履行合同义务，勘察人有权停止作业，并向发包人发出索赔意向通知。

②发出索赔意向通知后 14 天内，向发包人提出延长工期和（或）补偿经济损失的索赔报告及有关资料。

③发包人在收到勘察人送交的索赔报告和有关资料或补充索赔理由、证据后，于 28 天内给予答复。

④发包人在收到勘察人送交的索赔报告和有关资料后 28 天内未予答复或未对勘察人作进一步要求，视为该项索赔已被认可。

⑤当该违约事件持续进行时，勘察人应阶段性地向发包人发出索赔意向，在违约事件终了后 21 天内，向发包人送交索赔的有关资料和最终索赔报告。索赔答复程序与③④项约定相同。

第四节 建筑工程设计合同管理

一、设计合同概述

建筑工程设计，是根据建筑工程的要求，对建筑工程所需的技术、经济、资源、环境等条件进行综合分析、论证，编制建筑工程设计文件的活动。

为了指导建筑工程设计合同当事人的签约行为，维护合同当事人的合法权益，依据《合同法》《建筑法》《招标投标法》以及相关法律法规，住房和城乡建设部、工商总局对《建筑工程设计合同（一）（民用建筑工程设计合同）》（GF－2000－0209）、《建筑工程设计合同（二）（专业建筑工程设计合同）》（GF－2000－0210）进行了修订，制定了《建筑工程设计合同示范文本（房屋建筑工程）》（GF－2015－0209）、《建筑工程设计合同示范文本（专业建筑工程）》（GF－2015－0210）。

建筑设计合同是建筑工程设计的发包方与设计人（即承包方）为完成一定的设计任务，明确双方的权利与义务而签订的协议。

建筑工程设计合同的发包方一般为建设单位或工程项目业主，设计方（即承包方）必须是具有国家认可的相应资质等级的设计单位。承包方不能承接与其资质等级不符的工程项目的设计任务，发包方在进行发包工程项目的设计任务时，也要注意审查设计单位的资质等级证书和设计许可证。否则，如果造成设计工程项目的越级承包，则合同会因主体资格不合法而被认定无效。建筑工程的设计合同必须依照法律规定的程序订立，并须有国家有关机关批准的设计任务书和其他必备资料文件。否则，将使合同的效力受到重大影响。

设计合同有以下作用：

①有利于保证建筑工程设计任务按期、按质、按量顺利完成；

②有利于委托与承包双方明确各自的权利、义务的内容以及违约责任，

一旦发生纠纷，责任明确，避免了许多不必要的争执；

③促使双方当事人加强管理与经济核算，提高管理水平；

④为监理人在项目设计阶段的工作提供了法律依据和监理内容。

二、设计合同的订立要求

依法必须进行招标的建筑工程设计任务通过招标方式确定设计单位后，应遵循工程项目建设程序，签订工程设计合同。

签订工程设计合同由建设单位、设计单位或有关单位提出委托，经双方协商同意，即可签订。

①确定合同标的。合同标的是合同的中心。

②选定承包商。依法必须招标的项目，按招标投标程序优选出中标人即承包商。小型项目及可以不招标的项目由发包人直接选定承包商。但选定的过程为向几家潜在承包商询价、初商合同的过程，也即发包人提出设计的内容、质量等要求并提交设计所需资料，承包商据以报价、作出方案及进度安排的过程。

③商签设计合同。如果是通过招标方式确定承包商的，则由于合同的主要条件都在招标文件、投标文件中得到确认，进入签约阶段需要协商的内容就不是很多。而通过协商、直接委托的合同谈判，则要涉及几乎所有合同条款，必须认真对待。

工程设计合同的当事人双方进行协商，就合同的各项条款取得一致意见，且双方法人或指定的代表在合同文本上签字，并加盖公章，这样的合同才具有法律效力。

三、设计合同履行

（一）发包人的权利与义务

1. 发包人一般义务

①发包人应遵守法律，并办理法律规定由其办理的许可、核准或备案，包括但不限于建设用地规划许可证、建筑工程规划许可证、建筑工程方案设

计批准、施工图设计审查等许可、核准或备案。

发包人负责本项目各阶段设计文件向规划设计管理部门或有关管理部门的送审报批工作，并负责将报批结果书面通知设计人。因发包人原因未能及时办理完毕前述许可、核准或备案手续，导致设计工作量增加和（或）设计周期延长时，由发包人承担由此增加的设计费用和（或）延长的设计周期。

②发包人应当负责工程设计的所有外部关系（包括但不限于当地政府主管部门等）的协调，为设计人履行合同提供必要的外部条件。

③专用合同条款约定的其他义务。

2. 发包人代表

发包人应在专用合同条款中明确其负责工程设计的发包人代表的姓名、职务、联系方式及授权范围等事项。发包人代表在发包人的授权范围内，负责处理合同履行过程中与发包人有关的具体事宜。发包人代表在授权范围内的行为由发包人承担法律责任。发包人更换发包人代表的，应在专用合同条款约定的期限内提前书面通知设计人。

发包人代表不能按照合同约定履行其职责及义务，并导致合同无法继续正常履行的，设计人可以要求发包人更换发包人代表。

3. 发包人决定

①发包人在法律允许的范围内有权对设计人的设计工作、设计项目和（或）设计文件作出处理决定，设计人应按照发包人的决定执行，涉及设计周期和（或）设计费用等问题按合同中（工程设计变更与索赔）的约定处理。

②发包人应在专用合同条款约定的期限内对设计人书面提出的事项作出书面决定，如发包人不在确定的时间内作出书面决定，设计人的设计周期可相应延长。

4. 支付合同价款

发包人应按合同约定向设计人及时足额支付合同价款。

5. 设计文件接收

发包人应按合同约定及时接收设计人提交的工程设计文件。

(二)设计人的权利与义务

1. 设计人的一般义务

①设计人应遵守法律和有关技术标准的强制性规定,完成合同约定范围内的房屋建筑工程方案设计、初步设计、施工图设计,提供符合技术标准及合同要求的工程设计文件,提供施工配合服务。

设计人应当按照专用合同条款约定配合发包人办理有关许可、核准或备案手续,因设计人原因造成发包人未能及时办理许可、核准或备案手续,导致设计工作量增加和(或)设计周期延长时,由设计人自行承担由此增加的设计费用和(或)设计周期延长的责任。

②设计人应当完成合同约定的工程设计其他服务。

③专用合同条款约定的其他义务。

2. 项目负责人

①项目负责人应为合同当事人所确认的人选,并在专用合同条款中明确项目负责人的姓名、执业资格及等级、注册执业证书编号、联系方式及授权范围等事项,项目负责人经设计人授权后代表设计人负责履行合同。

②设计人需要更换项目负责人的,应在专用合同条款约定的期限内提前书面通知发包人,并征得发包人书面同意。通知中应当载明继任项目负责人的注册执业资格、管理经验等资料,继任项目负责人继续履行上述①的职责。未经发包人书面同意,设计人不得擅自更换项目负责人。设计人擅自更换项目负责人的,应按照专用合同条款的约定承担违约责任。对于设计人项目负责人确因患病、与设计人解除或终止劳动关系、工伤等原因更换项目负责人的,发包人无正当理由不得拒绝更换。

③发包人有权书面通知设计人更换其认为不称职的项目负责人,通知中应当载明要求更换的理由。对于发包人有正当理由的更换要求,设计人应在收到书面更换通知后在专用合同条款约定的期限内进行更换,并将新任命的项目负责人的注册执业资格、管理经验等资料书面通知发包人。继任项目负责人继续履行上述①的职责。设计人无正当理由拒绝更换项目负责人的,应按照专用合同条款的约定承担违约责任。

3. 设计人员

①除专用合同条款对期限另有约定外,设计人应在接到开始设计通知后7天内,向发包人提交设计人项目管理机构及人员安排报告,其内容应包括建筑、结构、给水排水、暖通、电气等专业负责人名单及其岗位、注册执业资格等。

②设计人委派到工程设计中的设计人员应相对稳定。设计过程中如有变动,设计人应及时向发包人提交工程设计人员变动情况报告。设计人更换专业负责人时,应提前7天书面通知发包人,除专业负责人无法正常履职情形外,还应征得发包人书面同意。通知中应当载明继任人员的注册执业资格、执业经验等资料。

③发包人对于设计人主要设计人员的资格或能力有异议的,设计人应提供资料证明被质疑人员有能力完成其岗位工作或不存在发包人所质疑的情形。发包人要求撤换不能按照合同约定履行职责及义务的主要设计人员的,设计人认为发包人有正当理由的,应当撤换。设计人无正当理由拒绝撤换的,应按照专用合同条款的约定承担违约责任。

4. 设计分包

①设计分包的一般约定。设计人不得将其承包的全部工程设计转包给第三人,或将其承包的全部工程设计肢解后以分包的名义转包给第三人。设计人不得将工程主体结构、关键性工作及专用合同条款中禁止分包的工程设计分包给第三人,工程主体结构、关键性工作的范围由合同当事人按照法律规定在专用合同条款中予以明确。设计人不得进行违法分包。

②设计分包的确定。设计人应按专用合同条款的约定或经过发包人书面同意后进行分包,确定分包人。按照合同约定或经过发包人书面同意后进行分包的,设计人应确保分包人具有相应的资质和能力。工程设计分包不会减轻或免除设计人的责任和义务,设计人和分包人就分包工程设计向发包人承担连带责任。

③设计分包管理。设计人应按照专用合同条款的约定向发包人提交分包人的主要工程设计人员名单、注册执业资格及执业经历等。

5. 联合体

①联合体各方应共同与发包人签订合同协议书。联合体各方应为履行合同向发包人承担连带责任。

②联合体协议，应当约定联合体各成员工作分工，经发包人确认后作为合同附件。在履行合同过程中，未经发包人同意，不得修改联合体协议。

③联合体牵头人负责与发包人联系，并接受指示，负责组织联合体各成员全面履行合同。

④发包人向联合体支付设计费用的方式在专用合同条款中约定。

（三）工程设计变更与索赔

①发包人变更工程设计的内容、规模、功能、条件等，应当向设计人员提供书面要求，设计人在不违反法律规定以及技术标准强制性规定的前提下应当按照发包人要求变更工程设计。

②发包人变更工程设计的内容、规模、功能、条件或因提交的设计资料存在错误或做较大修改时，发包人应按设计人所耗工作量向设计人增付设计费，设计人可按约定与发包人协商对合同价格和（或）完工时间做可共同接受的修改。

③如果由于发包人要求更改而造成的项目复杂性的变更或性质的变更使得设计人的设计工作减少，发包人可按约定与设计人协商对合同价格和（或）完工时间做可共同接受的修改。

④基准日期后，与工程设计服务有关的法律、技术标准的强制性规定的颁布及修改，由此增加的设计费用和（或）延长的设计周期由发包人承担。

⑤如果发生设计人认为有理由提出增加合同价款或延长设计周期的要求事项，除专用合同条款对期限另有约定外，设计人应于该事项发生后5天内书面通知发包人。除专用合同条款对期限另有约定外，在该事项发生后10天内，设计人应向发包人提供证明设计人要求的书面声明，其中包括设计人关于因该事项引起的合同价款和设计周期的变化的详细计算。除专用合同条款对期限另有约定外，发包人应在接到设计人书面声明后的5天内，予以书面答复。逾期未答复的，视为发包人同意设计人关于增加合同价款或延长设

计周期的要求。

（四）设计合同违约与争议处理

1. 违约责任

（1）发包人违约责任

①合同生效后，发包人因非设计人原因要求终止或解除合同，设计人未开始设计工作的，不退还发包人已付的定金或发包人按照专用合同条款的约定向设计人支付违约金；已开始设计工作的，发包人应按照设计人已完成的实际工作量计算设计费，完成工作量不足一半时，按该阶段设计费的一半支付设计费；超过一半时，按该阶段设计费的全部支付设计费。

②发包人未按专用合同约定的金额和期限向设计人支付设计费的，应按专用合同条款约定向设计人支付违约金。逾期超过15天时，设计人有权书面通知发包人中止设计工作。自中止设计工作之日起15天内发包人支付相应费用的，设计人应及时根据发包人要求恢复设计工作；自中止设计工作之日起超过15天后发包人支付相应费用的，设计人有权确定重新恢复设计工作的时间，且设计周期相应延长。

③发包人的上级或设计审批部门对设计文件不进行审批或本合同工程停建、缓建，发包人应在事件发生之日起15天内按本合同中（合同解除）的约定向设计人结算并支付设计费。

④发包人擅自将设计人的设计文件用于本工程以外的工程或交第三方使用时，应承担相应的法律责任，并应赔偿设计人因此遭受的损失。

（2）设计人违约责任

①合同生效后，设计人因自身原因要求终止或解除合同，设计人应按发包人已支付的定金金额双倍返还给发包人或设计人按照专用合同条款约定向发包人支付违约金。

②由于设计人原因，未按专用合同条款约定的时间交付工程设计文件的，应按专用合同条款的约定向发包人支付违约金，前述违约金经双方确认后可在发包人应付设计费中扣减。

③设计人对工程设计文件出现的遗漏或错误负责修改或补充。由于设计

人原因产生的设计问题造成工程质量事故或其他事故时,设计人除负责采取补救措施外,应当通过所投建筑工程设计责任保险向发包人承担赔偿责任或者根据直接经济损失程度按专用合同条款约定向发包人支付赔偿金。

④由于设计人原因,工程设计文件超出发包人与设计人书面约定的主要技术指标控制值比例的,设计人应当按照专用合同条款的约定承担违约责任。

⑤设计人未经发包人同意擅自对工程设计进行分包的,发包人有权要求设计人解除未经发包人同意的设计分包合同,设计人应当按照专用合同条款的约定承担违约责任。

2. 争议处理

(1) 和解

合同当事人可以就争议自行和解,自行和解达成协议的经双方签字并盖章后作为合同补充文件,双方均应遵照执行。

(2) 调解

合同当事人可以就争议请求相关行政主管部门、行业协会或其他第三方进行调解,调解达成协议的,经双方签字并盖章后作为合同补充文件,双方均应遵照执行。

(3) 争议评审

合同当事人在专用合同条款中约定采取争议评审方式解决争议以及评审规则,并按下列约定执行。

①争议评审小组的确定。合同当事人可以共同选择一名或三名争议评审员,组成争议评审小组。除专用合同条款另有约定外,合同当事人应当自合同签订后28天内,或者争议发生后14天内,选定争议评审员。

选择一名争议评审员的,由合同当事人共同确定;选择三名争议评审员的,各自选定一名,第三名成员为首席争议评审员,由合同当事人共同确定或由合同当事人委托已选定的争议评审员共同确定,或由专用合同条款约定的评审机构指定第三名首席争议评审员。

除专用合同条款另有约定外,评审所发生的费用由发包人和设计人各承担一半。

②争议评审小组的决定。合同当事人可在任何时间将与合同有关的任何争议共同提请争议评审小组进行评审。争议评审小组应秉持客观、公正的原则，充分听取合同当事人的意见，依据相关法律、技术标准及行业惯例等，自收到争议评审申请报告后 14 天内作出书面决定，并说明理由。合同当事人可以在专用合同条款中对本事项另行约定。

③争议评审小组决定的效力。争议评审小组作出的书面决定经合同当事人签字确认后，对双方具有约束力，双方应遵照执行。

任何一方当事人不接受争议评审小组决定或不履行争议评审小组决定的，双方可选择采用其他争议解决方式。

（4）仲裁或诉讼

因合同及合同有关事项产生的争议，合同当事人可以在专用合同条款中约定以下一种方式解决争议：

①向约定的仲裁委员会申请仲裁；

②向有管辖权的人民法院起诉。

（5）争议解决条款效力

合同有关争议解决的条款独立存在，合同的变更、解除、终止、无效或者被撤销均不影响其效力。

第三章　建筑工程成本管理

第一节　施工项目成本管理基础

一、施工项目成本概述

（一）施工项目成本概念

施工项目成本是指建筑施工企业以施工项目为成本核算对象，在施工过程中所耗费的全部生产费用的总称，包括主要材料、辅助材料、结构件、周转材料，建筑安装工人的工资、奖金、津贴，机械使用费，其他直接费以及项目经理部为组织施工管理所发生的费用，是建筑施工企业的产品成本，也称为工程成本。施工过程消耗的原材料、使用的机械设备等构成了物质资源的消耗；施工过程中建筑安装工人和管理人员等劳动力付出构成了活劳动消耗，这两种消耗就构成了施工项目成本。这一概念主要包括以下三个方面的内容：

①施工项目成本以确定的某一工程项目为成本核算对象（单项工程或单位工程）。

②施工项目成本是指该项目施工而发生的生产性耗费，也称为现场项目成本，不包括其他环节所发生的成本费用。

③施工项目成本核算的内容只包括五项：材料费、人工费、机械使用费、其他直接费和间接费用。

施工项目成本是建筑施工企业生产建筑产品所发生的活劳动与物化劳动

消耗的总和，它反映了企业生产经营活动各方面的工作效果，是企业管理业绩的综合指标。建筑施工企业劳动生产率的高低、原材料消耗的多少、机械设备利用状况、施工进度如何、产品质量的优劣、施工技术水平和组织状况、资金的周转率以及企业各级责任单位经营管理水平，最终都会直接或间接地在工程成本中体现出来；施工项目成本是衡量建筑施工企业盈亏的尺度，是进行工程投标的依据；是企业经营决策和经营核算的工具；成本的高低会直接影响企业和职工的经济利益。

（二）支出、费用和成本

为了更好地理解施工项目成本，有必要分清建筑施工企业中的支出、费用和成本这三个概念及它们之间的关系。

1. 支出

支出是指建筑施工企业的所有开支。按其与业务经营的关系不同，可以分为资本性支出、收益性支出、营业外支出、投资支出、所得税支出和利润分配支出共六项支出。

2. 费用

费用是建筑施工企业一定时期内生产经营所发生的各种耗费，包括物化劳动的耗费和活劳动的耗费。

在上述六项支出中，资本性支出、收益性支出和所得税支出是费用。收益性支出在发生当期即表现为费用；资本性支出应在受益期内逐期分摊计入各期的费用；所得税支出作为费用，直接冲减当期收益。营业外支出不能作为费用，应在当期营业利润中扣除；利润分配支出是对税后利润进行的分配，不是生产经营的耗费，也不能列为费用；投资支出是为了获取收益，更不能列为费用。所以，支出不一定就是耗费。

企业发生的费用分为两部分：一是为生产一定种类和数量的产品而发生的材料耗费和人工费用等，这部分计入产品成本，称为生产成本；二是企业为销售产品而发生的销售费用、为组织管理生产经营活动而发生的管理费用、为筹集资金而发生的财务费用等均与产品生产无直接关系，称为期间费用。

费用＝生产成本＋期间费用

3. 成本

成本是企业为生产一定种类、一定数量的产品所发生的各种费用，是对象化的费用，它仅仅是费用中的一项生产成本。

4. 费用与成本的区别与联系

①费用与成本的联系表现为：两者的性质相同，两者均为生产经营过程中所发生的必要耗费；费用是计算成本的前提和基础，没有费用的发生，就没有成本的形成；成本是对象化的费用，费用按一定范围、一定对象进行归集，就构成该对象的成本。

②费用与成本的区别见表 3-1。

表 3-1　　　　　　　　　费用与成本的区别

项目	费用	成本
核算对象	某一特定单位	某一成本核算对象
核算标准	按会计期间	按成本核算对象
核算原则	遵循权责发生制原则	遵循配比原则和受益原则
核算内容	生产成本和期间费用	生产成本

（三）合同价、费用和施工项目成本

根据以上成本、费用和支出关系，分清建筑施工企业的中标合同价、费用和工程成本关系。合同价＝费用＋利润＋税金＝工程成本＋期间费用＋利润＋税金。施工项目成本仅指中标合同价中的工程成本一项。合同价、费用和施工项目成本构成见表 3-2。

表 3-2　　　　　　合同价、费用和施工项目成本构成

合同价（工程造价）	费用	施工项目成本（工程成本）	直接费用	人工费
				材料费
				机械使用费
				其他直接费
			间接费用（临时设施费和现场管理费）	
		期间费用	管理费用、财务费用等	
	利润、税金	利润、税金		

必须强调的是，这里的施工项目成本是建筑施工企业的工程成本，工程成本是指项目经理部的现场施工所发生的成本，是施工项目现场成本。工程成本核算要求只将与项目施工直接相关的各项成本和费用计入施工项目成本，而将与项目施工没有直接关系的，但却与企业经营期间相关的费用作为期间费用计入当期损益中。

二、施工项目成本的构成

施工项目成本由直接成本和间接成本两部分构成。

（一）直接成本

直接成本是指在工程项目施工过程中直接耗费的构成工程实体或有助于工程形成的各项支出，包括人工费、材料费、机械使用费和其他直接费。

除以上三项之外，在工程项目施工过程中发生的其他费用，包括冬期施工增加费、雨期施工增加费、夜间施工增加费、仪器仪表使用费、特殊工种培训费、材料二次搬运费、临时设施摊销费、生产工具用具使用费、检验试验费、工程定位复测费、工程点交费、场地清理费、特殊地区施工增加费等。

（二）间接成本

间接成本是指项目经理部为施工准备、组织和管理施工生产所发生的全部施工间接费支出，包括现场管理人员的人工费、资产使用费、工具用具使用费、保险费、检验试验费、工程保修费、工程排污费以及其他费用等。

三、施工项目成本管理概述

（一）施工项目成本管理概念

施工项目成本管理是指建筑施工企业结合本行业特点，以施工过程中直接耗费为对象，以货币为主要计量单位，对项目从开工到竣工所发生的各项收支进行全面系统的管理，以实现项目施工成本最优化目的的过程。施工项目成本管理是企业管理中最重要的一项基础管理工作，包括明确项目施工目标成本、分解成本指标、制定成本计划、实施成本控制、开展成本核算、进行成本分析和成本考核的全过程。

（二）施工项目成本管理作用

建筑施工企业追求的目标，不仅是建筑项目质量好、工期短、建设单位满意，而且要求投入少、产出大、获利丰厚。施工项目成本管理是一项系统化的工作，其涉及面广、层次纵深。施工项目成本管理牵涉施工管理的方方面面，而它们之间又是相互联系、相互影响的。比如，施工项目的工期管理、质量管理、安全管理、技术管理、物资供应管理、劳务管理、计划统计、财务管理等一系列管理工作的好坏，最终都会体现在施工项目成本高低上。因此，施工项目成本管理是施工项目管理的核心，项目管理抓住了这一核心，其他管理工作就能迎刃而解。施工项目成本管理具有保证、促进、监督和协调等作用。

（三）施工项目成本管理要求

1. 必须强化项目成本观念

建筑施工企业实行项目管理并以项目经理部作为核算单位，要求项目经理、项目管理班子和作业层全体人员都必须具有经济观念、效益观念和成本观念，对项目施工的盈亏负责。因此，要搞好施工项目成本管理工作，必须加强成本管理教育，提高成本管理意识，让参与施工项目管理的每一个人都意识到加强成本管理对项目经济效益和个人利益的重大影响，各项成本管理措施才能得到贯彻和实施。

2. 加强定额和预算管理

为了进行施工项目成本管理，必须具有完善的定额资料，做好施工图预算和施工预算。施工图预算是建筑施工企业的施工项目中标价格，反映的是社会平均成本水平；施工预算是根据建设单位提供的图样和建筑施工企业本身的施工定额编制的。施工定额是建筑施工企业规定消耗在单位建筑产品上的人工、材料和机械台班等的数量标准。它主要用于编制施工预算，是在工程招标投标阶段编制投标报价，在施工阶段签发施工任务书、限额领料单的重要依据。施工预算反映了企业的个别成本水平。之所以要做好这"两算"，是为了通过"两算"对比，确定项目施工过程中的目标成本：成本降低额和降低率。

3. 建立健全原始记录

原始记录是生产经营活动的真实记载，是生产经营活动过程积累的原始资料，是编制成本计划、制定各项定额的主要依据，也是统计和成本管理的基础。建筑施工企业在施工过程中要对人工、材料、机械台班消耗、费用开支等成本项目，进行及时的、完整的、准确的原始记录，真实地反映施工活动情况。原始记录应符合成本管理要求，记录格式内容和计算方法要统一，填写、签章、报送、传递、保管和归档等制度要健全，并有专人负责。成本管理人员要进行培训，要掌握原始记录的填制、统计、分析和计算方法，做到及时准确地反映施工活动情况。原始记录还应有利于开展班组经济核算，力求简便易行，讲求实效，并根据实际使用情况，随时补充和修改，以充分发挥原始记录的作用。

4. 建立健全各项责任制度

对施工项目成本的形成进行全过程管理，除了制定明确的成本目标和计划外，更重要的是建立健全各种责任制，以保证成本计划得以实施。施工项目成本管理的各项责任制包括财产物资计量验收制度；人员考勤、考核制度；原始记录和统计制度；成本核算分析制度以及目标成本责任制等。以各种责任制度来规范成本管理过程中的各种耗费行为，达到成本管理的目标。

（四）施工项目成本管理任务

①通过成本的预测和决策，争取企业项目经营效益最大化。

②根据成本决策，制定企业的目标成本，编制成本计划，作为企业降低成本、费用的努力方向，作为成本控制、分析和考核的依据。

③根据成本计划、相应的消耗定额和有关法规、制度，控制各项成本、费用，防止浪费和损失，促使企业执行成本计划，节约开支，降低成本。

④正确地、及时地进行成本核算，反映成本计划的执行情况，为企业生产经营决策提供成本信息，并按规定为有关部门提供必要的成本数据。

⑤分析和考核各项消耗定额和成本计划的执行情况和结果，调动企业职工生产经营的积极性，促使企业改进生产经营管理。

四、施工项目成本管理的程序

建筑施工企业在建筑市场上承揽到施工项目后,根据工程规模、结构、特点等工程概况,组建项目经理部,作为施工项目管理组织机构,包括项目经理部机构设置、人员配备、岗位设置及资质情况等,同时下达项目承包经营管理目标,包括施工项目成本目标、质量目标、安全目标和工期指标等。项目经理部接到施工任务后,要进行以下成本管理工作。

(一)建立成本管理体系

施工前,建立成本管理体系,制定岗位职责和项目成本管理机制、成本管理运行程序及相应的规章制度。编制成本管理手册、汇总成册,分发到人,作为施工项目成本管理工作的指南和行为准则,使成本管理规范化和程序化。

(二)制定成本计划

根据总公司下达的成本指标,制定项目经理部的目标成本,以及降低总成本和各岗位成本的措施。将项目经理部的目标成本,按责任制层次进行分解,明确各班组、岗位职责及成本指标,将施工任务落实到班组、岗位和个人。

(三)进行成本控制

施工过程,执行各项成本降低措施,包括总的成本降低措施和各岗位的成本降低措施。

(四)开展成本核算

定期开展施工项目成本核算,包括成本数据的收集、整理、核实、传递、报告等。

(五)进行成本分析考核

根据成本核算资料进行成本分析,查找影响成本升降的原因。在成本分析的基础上,落实奖惩制度及各类人员的业绩考核。

如前所述,施工项目成本管理内容包括预测、决策、计划、控制、核算、分析和考核,其中成本的预测与决策,是施工项目中标前所做的工作,对于项目经理部而言,成本的预测和决策与自身的关系不甚密切,有关这部分内容本书不做详细介绍。

第二节 施工项目成本控制

一、施工项目成本控制的程序

施工项目成本控制由于过程管理工作的对象不同,所采取的控制方法和手段也有所不同,但作为控制系统所运用的控制技术,本质上都是一样的。控制的基本程序包括以下几个步骤:确定项目总成本目标、目标分解、工程实施、收集实际成本数据、实际值与目标值比较、分析偏差、采取纠正偏差措施。

(一)确定项目总成本目标

在施工项目开工前,公司或委托人要与项目经理部经理签订《项目管理目标责任书》。成本目标在项目管理目标责任书中明确落实,然后以文件的形式下达项目经理部实施。

(二)目标分解

目标成本确定以后,以此为上限,由项目经理部分配到各职能部门、班组,签订成本承包合同,然后由各职能部门或班组提出保证成本计划完成的具体措施,确保承包成本目标的实现。

(三)工程实施

成本目标确定后,项目开始实施。

(四)收集实际成本数据

在实施过程中,由于外部环境和内部系统各种因素变化的影响,实际成本可能偏离了目标成本。为了最终实现目标成本,控制人员要收集项目实际情况和其他相关项目的信息,将各种成本数据和其他相关项目信息进行整理、分类和综合,提出项目状态报告。

(五)实际值与目标值比较

按照某种确定的方式将施工成本计划值与实际值逐项进行比较,以发现施工成本是否超支。

(六) 分析偏差

对比较的结果进行分析,以确定偏差的严重性及偏差产生的原因。这一步是施工成本控制的核心,其主要目的在于找出产生偏差的原因,从而采取有针对性的措施,减少或避免相同偏差的再次发生或减少由此造成的损失。

(七) 采取纠正偏差措施

当施工项目的实际施工成本出现了偏差,应当根据工程的具体情况、偏差分析的结果,采取适当的措施,以期达到使施工成本偏差尽可能小的目的。纠偏是施工成本控制中最具实质性的一步,只有通过纠偏,才能最终达到有效控制施工项目成本的目的。

二、施工项目成本控制的手段

施工项目是一个系统工程,不仅受到诸如质量、成本、进度、安全等内部方面的影响,还会受到人为因素等外部诸多因素的影响。因此,施工项目成本控制手段具有多样性,主要包括组织手段、经济手段、技术手段和合同手段。技术手段是关键,经济手段是核心,组织手段和合同手段是保障。

(一) 组织手段

组织是项目目标能够实现的决定性因素,是项目管理的载体,是控制力的源泉。因此在项目上,要从组织协作项目经理部人员和部门入手。

①实行项目经理责任制。项目经理是建筑施工企业法定代表人在具体施工项目上的授权委托代理人,是项目成本控制的第一责任人,项目经理全面组织项目经理部的成本控制工作,不仅要管好人、财、物,而且要管好工程的协调和进度,保证施工项目的质量,且要取得一定的经济效益。

②配备技术过硬的工程师队伍。使用专业知识丰富、责任心强、有一定施工经验的工程师,尽可能地采用先进的施工技术和施工方案,以求提高工程施工效率,最大限度地降低施工成本。

③做好合同管理。为项目经理部配置外向型工程师,负责工程进度款的申报和催款工作,处理施工索赔,保证施工项目的增收节支,从而增加项目

的合同外收入。

④做好施工采购规划,通过生产要素的优化配置、合理使用、动态管理,有效控制实际成本。

成本控制工作只有建立在科学管理的基础之上,具备合理的管理体制、完善的规章制度、稳定的作业秩序、完整准确的信息传递,才能取得成效。组织手段是其他各种手段的前提和保障,而且一般不需要增加什么费用,运用得当就可以收到良好的效果。

(二) 技术手段

成本控制的目的是实现施工项目成本最优。因此,应采用先进的技术手段,走技术和经济相结合的路线,以技术优势取得成本优势。

①制定经济合理的施工方案,以达到缩短工期,提高质量,降低成本的目的;选择正确的施工方法,合理配置施工机具,安排施工顺序,组织流水施工。

②在施工过程中,尽可能使用低碳、轻质等新型建筑材料,采用智能建筑系统、物联网和可再生能源等新技术、新工艺,以达到降低成本的目的。

③严把技术关,杜绝返工现象,节省开支。认真督查指导项目的质量、安全,控制其他不必要的损失。

④认真计算各分部分项工程量,并以此为依据参与项目成本计划的制订,根据工程进度计划并结合项目成本计划,认真编制项目年、月材料、机械、劳动力计划,在施工中随时收集工程实际进度,及时提出改善施工或变更施工组织设计,按照施工组织设计安排施工,克服和避免盲目的赶工和突击现象,消除因赶工而造成施工成本激增的现象。

(三) 经济手段

成本控制本身就是一项经济工作。成本控制的经济手段包含两个层次:第一个层次是对项目各阶段的成本进行控制,这样才能有效实现成本目标;第二个层次是通过经济激励手段促使成本主体积极地对成本进行控制。

按经济用途分析,施工项目成本的构成包括直接成本和间接成本。其中,直接成本是构成工程项目实体的费用,包括人工费、材料费、机械使用费、临时设施费、分包费用、其他直接费等；间接成本是项目经理部为组织和管理工程施工所发生的全部支出。成本控制的经济手段就是围绕这些费用的支出，最大限度地降低这些费用的消耗。

①人工费控制主要是改善劳动组织，减少窝工浪费；实行合理的奖惩制度；加强技术教育和培训工作；加强劳动纪律，压缩非生产用工和辅助用工，严格控制非生产人员比例。

②材料费控制管理主要是改进材料的采购、运输、收发、保管等方面的工作，减少各环节的损耗，节约采购费用；合理堆置现场材料，避免和减少二次搬运；严格材料进场验收和限额领料制度；制订并贯彻节约材料的技术措施，合理使用材料，综合利用一切资源。

③机械费控制管理主要是正确选配和合理利用机械设备，搞好机械设备的保养修理，提高机械的完好率、利用率，从而加快施工进度、增加产量、降低机械使用费。

（四）合同手段

采用合同手段控制施工成本，应贯穿整个合同周期，包括从合同谈判开始到合同终结的全过程。首先是选用合适的合同结构，对各种合同结构模式进行分析、比较，在合同谈判时，要争取选用适合于工程规模、性质和特点的合同结构模式。其次，在合同的条款中应仔细考虑一切影响成本和效益的因素，特别是潜在的风险因素。通过对引起成本变动的风险因素的识别和分析，采取必要的风险对策，如通过合理的方式，增加承担风险的个体数量，降低损失发生的比例，并最终使这些策略反映在合同的具体条款中。在合同执行期间，合同管理的措施既要密切注意对方合同执行的情况，以寻求合同索赔的机会，又要密切关注自己履行合同的情况，以防止被对方索赔。

项目成本控制的组织手段、经济手段、技术手段和合同手段四者是融为一体、相互作用的。项目经理部是项目成本控制中心，要以投标报价为依据，制定项目成本控制目标，各部门和各班组通力合作，形成以投标价为基础的施工方案经济优化、物资采购经济优化、劳动力配备经济优化的项目成本控制体系。

三、施工项目成本控制的内容

在施工项目成本的形成过程中，对施工生产所消耗的生产要素进行指导、监督、调节和限制，并及时纠正将要发生和已经发生的偏差，将各项支出和消耗控制在计划之内，并保证成本目标的实现，是施工项目成本控制的主要内容。在施工的不同阶段，成本控制的重点和内容是不同的。

（一）投标阶段的成本控制

根据工程概况和招标文件，结合建筑市场和竞争对手的情况，进行成本预测，提出投标决策意见。中标以后，应根据项目的建设规模，组建与之相适应的项目经理部，同时以标书为依据确定项目的成本目标，并下达给项目经理部。

（二）施工准备阶段的成本控制

根据设计图样和有关技术资料，对施工方法、施工顺序、作业组织形式、机械设备选型、技术组织措施等进行认真地研究分析，并运用价值工程原理，制定出技术先进、经济合理的施工方案。

根据企业下达的成本目标，以分部分项工程实物工程量为基础，联系劳动定额、材料消耗定额和技术组织措施的节约计划，在优化的施工方案指导下，编制明确而具体的成本计划，并按照部门、施工队和班组的分工进行分解，以此作为部门、施工队和班组的责任成本并落实下去，为今后的成本控制做好准备。根据项目建设时间的长短和参加建设人数的多少，编制间接费用预算，并对上述预算进行明细分解，以项目经理部有关部门或业务人员责任成本的形式落实下去，为今后的成本控制和绩效考评提供依据。

（三）施工阶段的成本控制

加强施工任务单和限额领料单的管理，特别要做好每一个分部分项工程完成后的验收，包括实际工程量的验收和工作内容、工程质量、文明施工的验收，以及实耗人工、实耗材料的数量核对，以保证施工任务单和限额领料单的结算资料绝对正确，为成本控制提供真实可靠的数据。

将施工任务单和限额领料单的结算资料与施工预算进行核对，计算分部分项工程的成本差异，分析差异产生的原因，并采取有效的纠偏措施。做好月度成本原始资料的收集和整理，正确计算月度成本，分析月度预算成本与实际成本的差异，并分析不利差异产生的原因，以防对后续作业成本产生不利影响或因质量低劣而造成返工损失，并在查明原因的基础上，采取果断措施，尽快加以纠正。在月度成本核算的基础上，实行责任成本核算。也就是利用原有会计核算的资料，重新按责任部门或责任者归集成本费用，每月结算一次，并与责任成本进行对比。

经常检查对外经济合同的履约情况，为顺利施工提供物质保证。例如，遇拖期或质量不符合要求时，应根据合同规定向对方索赔。对缺乏履约能力的单位，要终止合同，并另找可靠的合作单位，以免影响施工，造成经济损失。

定期检查各责任部门和责任者的成本控制情况，一般为每月一次。发现成本差异偏高或偏低的情况，应会同责任部门或责任者分析产生差异的原因，并督促他们采取相应的对策来纠正差异。如果出现因权、责、利不到位而影响成本控制工作的情况，应调整有关各方关系，使成本控制工作得以顺利进行。

（四）竣工验收及保修阶段的成本控制

从现实情况看，很多工程一到竣工扫尾阶段，就把主要施工力量抽调到其他在建工程，以致扫尾工作拖拖拉拉，机械、设备无法转移，成本费用照常发生，使在建阶段取得的经济效益逐步流失。因此，一定要精心安排，因为扫尾阶段工作面较小，人多了反而会造成浪费，所以应把竣工扫尾时间缩短到最低限度。

应充分重视竣工验收工作。在验收以前，要准备好验收所需要的各种书面资料，送建设单位备查。对验收过程中建设单位提出的意见，应根据设计要求和合同内容认真处理，如果涉及费用，应请建设单位签证，列入工程结算。及时办理工程结算，一般来说，工程结算造价包括原合同价、变更及索赔款，不要遗漏。因此，在办理工程结算以前，要求项目预算员和成本员进行一次认真全面的核对。

在工程保修期间，应由项目经理指定保修工作的责任人，并责成保修责任者根据实际情况提出保修计划，包括费用计划，以此作为控制保修费用的依据。工程竣工后要及时进行结算，以明确债权、债务关系，项目经理部要专人负责与建设单位联系，力争尽快收回资金，对不能在短期内清偿债务的建设单位，要通过协商签订还款计划协议，明确还款时间、违约责任等，以增强对债务单位的约束力。

四、施工项目成本控制的组织与分工

施工项目成本控制，不仅仅是专业成本管理人员的责任，而应该是所有的项目管理人员（特别是项目经理）都要按照自己的业务分工各负其责。强调成本控制，一方面，是因为成本指标的重要性，是诸多经济指标中的必要指标之一；另一方面，在于成本指标的综合性和群众性，既要依靠各部门、各单位的共同努力，又要由各部门、各单位共享降低成本的成果。为了保证项目成本控制工作的顺利进行，需要把所有参加项目建设的人员组织起来，并按照各自的分工开展工作。

（一）对施工队分包成本的控制

在管理层与劳务层两层分离的条件下，项目经理部与施工队之间需要通过劳务合同建立发包与承包关系。在合同履行过程中，项目经理部有权对施工队的进度、质量、安全和现场管理标准进行监督，同时按合同规定支付劳务费用。施工队成本的节约或超支，属于施工队自身的管理范畴，项目经理部无权过问，也不应该过问。这里所说的对施工队分包成本的控制，是指以下内容：

1. 工程量和劳动定额的控制

项目经理部与施工队的发包和承包，是以实物工程量和劳动定额为依据的。在实际施工中，由于用户需要等原因，往往会发生工程设计和施工工艺的变更，使工程数量和劳动定额与劳务合同互有出入，需要按实际调整承包金额。对于上述变更事项，一定要强调事先的技术签证，严格控制合同金额的增加；同时，还要根据劳务费用增加的内容，及时办理增减账，以便通过工程款结算，从建设单位那里取得补偿。

2. 估点工的控制

由于建筑施工的特点，施工现场经常会有一些零星任务出现，需要施工队去完成。而这些零星任务都是事先无法预见的，只能在劳务合同规定的定额用工以外另行估工，这就会增加相应的劳务费用支出。为了控制估点工的数量和费用，可以采取以下方法：一是对工作量比较大的任务工作，通过领导、技术人员和生产骨干三结合来讨论确定估工定额，使估点工的数量控制在估工定额的范围以内；二是按定额用工的一定比例（5%～10%）由施工队包干，并在劳务合同中明确规定。一般情况下，应以第二种方法为主。

3. 坚持奖罚分明的原则

实践证明，项目建设的速度、质量、效益，在很大程度上取决于施工队的素质和在施工中的具体表现。因此，项目经理部除了要对施工队加强管理以外，还要根据施工队完成施工任务的业绩，对照劳务合同规定的标准，认真考核，分清优劣，有奖有罚。在掌握奖罚尺度时，要以奖励为主，以激励施工队的生产积极性，但对达不到工期、质量等要求的情况，也要照章罚款并赔偿损失。

（二）落实施工班组的成本控制责任

施工班组的责任成本属于分部分项工程成本范围。其中，实耗人工属于施工队分包成本的组成部分，实耗材料则是项目材料费的构成内容。因此，分部分项工程成本既与施工队的效益有关，又与项目成本不可分割。施工班组的责任成本，应由施工队以施工任务单和限额领料单的形式落实给施工班组，并由施工队负责回收和结算。签发施工任务单和限额领料单的依据为施工预算工程量、劳动定额和材料消耗定额。在下达施工任务的同时，还要向施工班组提出进度、质量、安全和文明施工的具体要求，以及施工中应该注意的事项。以上这些，也是施工班组完成责任成本的制约条件。在任务完成后的施工任务单结算中，需要联系责任成本的实际完成情况进行综合考评。

由此可见，施工任务单和限额领料单是项目控制中最基本、最扎实的基础控制，不仅能控制施工班组的责任成本，还能使项目建设的快速、优质、高效建立在坚实的基础之上。

第三节 施工项目成本分析与考核

一、施工项目成本分析概述

施工项目的成本分析,就是根据统计核算、业务核算和会计核算提供的资料,一方面,对项目成本的形成过程和影响成本升降的因素进行分析,以寻求进一步降低成本的途径(包括项目成本中的有利偏差的挖潜和不利偏差的纠正);另一方面,通过成本分析,可从账簿、报表反映的成本现象看清成本的实质,从而增强项目成本的透明度和可控性,为加强成本控制、实现项目成本目标创造条件。由此可见,施工项目成本分析,也是降低成本、提高项目经济效益的重要手段之一。

施工项目成本分析,应该随着项目施工的进展,动态地、多形式地开展,而且要与生产诸要素的经营管理相结合。这是因为成本分析必须为生产经营服务,即通过成本分析,及时发现矛盾,及时解决矛盾,从而改善生产经营,同时又可降低成本。

(一) 施工项目成本分析的作用

①有助于恰当评价成本计划的执行结果。施工项目的经济活动错综复杂,在实施成本管理时制定的成本计划,其执行结果往往存在一定偏差,如果简单地根据成本核算资料直接做出结论,则势必影响结论的正确性。反之,如果在核算资料的基础上进行深入分析,则可能做出比较正确的评价。

②揭示成本节约和超支的原因,进一步提高企业管理水平。如前所述,成本是反映施工项目经济活动的综合性指标,它直接影响着工程项目经理部和建筑施工企业生产经营活动的成果。如果施工项目降低了原材料的消耗,减少了其他费用的支出,提高了劳动生产率和设备利用率,则必定会在成本上综合反映出来。借助成本分析,用科学的方法,从指标、数字着手,在各项经济指标相互联系中系统地对比分析,揭示矛盾,找出差距,就能正确地

查明影响成本高低的各种因素，了解生产经营活动中哪一部门、哪一环节工作做出了成绩或出现了问题，从而可以采取措施，不断提高工程项目经理部和建筑施工企业的经营管理水平。

③寻求进一步降低施工项目成本的途径和方法，不断提高企业的经济效益。对施工项目成本执行情况进行评价，找出成本升降的原因，归根到底是为了挖掘潜力、寻求进一步降低成本的途径和方法。只有把企业的潜力充分挖掘出来，才会使企业的经济效益越来越好。

（二）施工项目成本分析的种类

1. 随着项目施工的进展而进行的综合成本分析

①分部分项工程成本分析。

②月（季）度成本分析。

③年度成本分析。

④竣工成本分析。

2. 按成本项目进行的成本分析

①人工费分析。

②材料费分析。

③机械使用费分析。

④其他直接费分析。

⑤间接费用分析。

3. 针对特定问题和与成本有关事项的专项分析

①成本盈亏异常分析。

②工期成本分析。

③资金成本分析。

④技术组织措施执行效果分析。

⑤其他有利因素和不利因素对成本影响的分析。

（三）施工项目成本分析的原则

从成本分析的效果出发，施工项目成本分析应该符合以下原则要求：

1. 要实事求是

在成本分析当中，必然会涉及一些人和事，也会有表扬和批评。受表扬的当然高兴，受批评的常常会有一些不愉快出现，乃至影响成本分析的效果。因此，成本分析一定要有充分的事实依据，对事物进行实事求是的评价，并尽可能做到措辞恰当，能被绝大多数人接受。

2. 要用数据说话

成本分析要充分利用统计核算、业务核算、会计核算和有关辅助记录（台账）的数据进行定量分析，尽量避免抽象的定性分析。因为定量分析对事物的评价更为精确，更令人信服。

3. 要注重时效

也就是说，成本分析要及时，发现问题要及时，解决问题要及时。否则，就有可能错失解决问题的最好时机，甚至造成问题成堆，积重难返，发生难以挽回的损失。

4. 要为生产经营服务

成本分析不仅要揭露矛盾，而且要分析矛盾产生的原因，提出积极的、有效的、解决矛盾的合理化建议。这样的成本分析，必然会深得人心，从而得到项目经理和有关项目管理人员的配合和支持，使施工项目成本分析更健康地开展下去。

（四）施工项目成本分析的内容

施工项目成本分析的内容就是对项目成本变动因素的分析。影响施工项目成本变动的因素有两个方面，一是外部的、属于市场经济的因素，二是内部的、属于企业经营管理的因素。这两方面的因素在一定条件下又是相互制约和相互促进的。影响施工项目成本变动的市场经济因素主要包括建筑施工企业的规模和技术装备水平，建筑施工企业专业化和协作的水平以及企业员工的技术水平和操作的熟练程度等几个方面，这些因素不是在短期内所能改变的。因此，应将施工项目成本分析的重点放在影响施工项目成本升降的内部因素上。影响施工项目成本升降的内部因素包括以下几个方面，即成本分析的内容。

1. 材料、能源利用效果

在其他条件不变的情况下，材料、能源消耗定额的高低会直接影响材料、燃料成本的升降，材料、燃料价格的变动也会直接影响产品成本的升降。可见，材料、能源利用的效果及其价格水平是影响产品成本升降的一项重要因素。

2. 机械设备的利用效果

建筑施工企业的机械设备有自有和租用两种情况。在施工过程中会有一些机械利用率很高，也会有一些机械利用不足。因此，在机械设备的使用过程中，必须以满足施工需要为前提，加强机械设备的平衡调度，充分发挥机械的效用。同时，还要加强平时机械设备的维修保养工作，提高机械的完好率，保证机械的正常运转。

3. 施工质量水平的高低

对建筑施工企业来说，提高施工项目质量水平就可以降低施工中的故障成本，减少未达到质量标准而发生的一切损失费用，但这也意味着为保证和提高项目质量而支出的费用就会增加。可见，施工质量水平的高低也是影响施工项目成本的主要因素之一。

4. 人工费用水平的合理性

在实行管理层和作业层两层分离的情况下，项目施工需要的人工和人工费，由工程项目经理部与施工队签订劳务承包合同，明确承包范围、承包金额和双方的权利义务。

5. 其他影响施工项目成本变动的因素

其他影响施工项目成本变动的因素包括除上述四项以外的其他直接费用以及为施工准备、组织施工和管理所需要的费用。

二、施工项目成本分析方法

由于施工项目成本涉及的范围很广，需要分析的内容也很多，应该在不同的情况下采取不同的分析方法。为了便于联系实际参考应用，把成本分析方法分为成本分析的基本方法、综合成本的分析方法、成本项目的分析方法和与成本有关事项的专项分析方法。

（一）施工项目成本分析的基本方法

1. 比较法

比较法又称为指标对比分析法，就是通过技术经济指标的对比，检查计划的完成情况，分析产生差异的原因，进而挖掘内部潜力的方法。这种方法具有通俗易懂、简单易行、便于掌握的特点，因而得到了广泛应用，但在应用时必须注意各技术经济指标的可比性。

比较法的应用通常有以下几种形式：

（1）将实际指标与计划指标（预算成本、计划成本）对比

以检查计划的完成情况，分析完成计划的积极因素和影响计划完成的原因，以便及时采取措施，保证成本目标的实现。在进行实际与计划对比时，还应注意计划本身的质量。如果计划本身出现质量问题，则应调整计划，重新正确评价实际工作的成绩，以免挫伤相关人员的工作积极性。

（2）本期实际指标与上期实际指标对比

通过这种对比，可以看出各项技术经济指标的动态情况，反映了施工项目管理水平的提高程度。在一般情况下，一个技术经济指标只能代表施工项目管理的一个侧面，只有成本指标才是施工项目管理水平的综合反映。因此，成本指标的对比分析尤为重要，一定要真实可靠，而且要有深度。

（3）与本行业平均水平、先进水平对比

通过这种对比，可以反映本项目的技术管理和经济管理与其他项目的平均水平和先进水平的差距，进而采取措施赶超先进水平。

2. 因素分析法

因素分析法又称为连锁置换法或连环替代法。这种方法可用来分析各种因素对成本形成的影响程度。在进行分析时，首先要假定众多因素中的一个因素发生了变化，而其他因素则不变，然后逐个替换，并分别比较其计算结果，以确定各因素的变化对成本的影响程度。因素分析法的计算步骤如下：

①确定分析对象，并计算出实际数与目标数的差异；

②确定该指标是由哪几个因素组成的，并按其相互关系进行排序（排序

规则是：先实物量，后价值量；先绝对值，后相对值）；

③以目标数为基础，将各因素的目标数相乘，作为分析替代的基数；

④将各因素的实际数，按照上面的排列顺序进行替换计算，并将替换后的实际数保留下来；

⑤将每次替换计算所得的结果，与前一次的计算结果相比较，两者的差异即为该因素对成本的影响程度；

⑥各因素的影响程度之和，应与分析对象的总差异相等。

必须说明，在应用因素分析法时，各因素的排列顺序应该固定不变，否则，就会得出不同的计算结果，也会产生不同的结论。

3. 差额计算法

差额计算法是因素分析法的一种简化形式，它是利用各因素的目标值与实际值的差额来计算其对成本的影响程度。

4. 比率法

比率法是用两个以上指标的比例进行分析的方法。它的基本特点是：先把对比分析的数值变成相对数，再观察其相互之间的关系。常用的比率法有以下几种：

(1) 相关比率

由于项目经济活动的各方面是互相联系、互相依存的，可以以此来考察经营成果的好坏。例如，产值和工资是两个不同的概念，但它们的关系又是投入与产出的关系，在一般情况下，都希望以最少的人工费支出实现最大的产值。因此，用产值工资率指标来考核人工费的支出水平就很能说明问题。

(2) 构成比率

通过构成比率，可以考察成本总量的构成情况以及各成本项目占成本总量的比例，同时也可看出量、本、利的比例关系（即预算成本、实际成本和降低成本的比例关系），从而为寻求降低成本的途径指明方向。

(3) 动态比率

动态比率法就是将同类指标不同时期的数值进行对比，求出比率，用以分析该项指标的发展方向和发展速度。动态比率的计算通常采用基期指数

（或稳定比指数）和环比指数两种方法。

（二）施工项目综合成本分析方法

综合成本是指涉及多种生产要素，并受多种因素影响的成本费用，如分部分项工程成本、月（季）度成本、年度成本等。由于这些成本都是随着项目施工的进展而逐步形成的，与生产经营有着密切的关系。因此，做好上述成本的分析工作，无疑将促进项目的生产经营管理，提高项目的经济效益。

1. 分部分项工程成本分析

分部分项工程成本分析是施工项目成本分析的基础。分部分项工程成本分析的对象为已完分部分项工程。分析的步骤是：进行预算成本、计划成本和实际成本的"三算"对比，分别计算实际偏差和目标偏差，分析偏差产生的原因，为今后的分部分项工程成本寻求节约途径。分部分项工程成本分析的资料来源分别是：预算成本来自施工图预算，计划成本来自施工预算，实际成本来自施工任务单的实际工程量、实耗人工和限额领料单的实耗材料。

由于施工项目包括很多分部分项工程，不可能也没有必要对每一个分部分项工程都进行成本分析，特别是一些工程量小、成本费用微不足道的零星工程。但是，对于那些主要分部分项工程则必须进行成本分析，而且要做到从开工到竣工进行系统的成本分析。这是一项很有意义的工作，因为通过主要分部分项工程成本的系统分析，可以基本了解项目成本形成的全过程，为竣工成本分析和今后的项目成本管理提供一份宝贵的参考资料。

2. 月（季）度成本分析

月（季）度成本分析是施工项目定期的、经常性的中间成本分析。对于有一次性特点的施工项目来说，有着特别重要的意义。因为，通过月（季）度成本分析，可以及时发现问题，以便按照成本目标指示的方向进行监督和控制，保证项目成本目标的实现。

月（季）度成本分析的依据是当月（季）的成本报表。分析的内容通常包括以下几个方面：

①通过实际成本与预算成本的对比，分析当月（季）的成本降低水平；通过累计实际成本与累计预算成本的对比，分析累计的成本降低水平，预测

实现项目成本目标的前景。

②通过实际成本与计划成本的对比，分析计划成本的落实情况以及目标管理中存在的问题和不足，进而采取措施，加强成本管理，保证成本计划的落实。

③通过对各成本项目的成本分析，可以了解成本总量的构成比例和成本管理的薄弱环节。例如，在成本分析中，发现人工费、机械费和间接费用等项目大幅度超支，就应该对这些费用的收支配比关系进行认真研究，并采取对应的增收节支措施，防止今后再超支。如果是属于预算定额规定的"政策性"亏损，则应从控制支出着手，把超支额压缩到最低限度。

④通过主要技术经济指标的实际与计划的对比，分析产量、工期、质量、"三材"节约率、机械利用率等对成本的影响。

⑤通过对技术组织措施执行效果的分析，寻求更加有效的节约途径。

⑥分析其他有利条件和不利条件对成本的影响。

3. 年度成本分析

企业成本要求一年结算一次，不得将本年成本转入下一年度。而项目成本则以项目的寿命周期为结算期，要求从开工到竣工到保修期结束连续计算，最后结算出成本总量及其盈亏。由于项目的施工周期一般都比较长，除了要进行月（季）度成本的核算和分析外，还要进行年度成本的核算和分析。这不仅是为了满足企业汇编年度成本报表的需要，同时也是项目成本管理的需要。因为通过年度成本的综合分析，可以总结一年来成本管理的成绩和不足，为今后的成本管理提供经验和教训，从而可对项目成本进行更有效的管理。

年度成本分析的依据是年度成本报表。年度成本分析的内容，除了月（季）度成本分析的六个方面的分析以外，重点是针对下一年度的施工进展情况，规划采取切实可行的成本管理措施，以保证施工项目成本目标的实现。

4. 竣工成本综合分析

凡是有几个单位工程而且是单独进行成本核算（即成本核算对象）的施

工项目，其竣工成本分析应以各单位工程竣工成本分析资料为基础，再加上项目经理部的经营效益（如资金调度、对外分包等所产生的效益）进行综合分析。如果施工项目只有一个成本核算对象（单位工程），就以该成本核算对象的竣工成本资料作为成本分析的依据。

单位工程竣工成本分析应包括以下三方面内容：

①竣工成本分析；

②主要资源节约或超支对比分析；

③主要技术节约措施及经济效益分析。

同时，在成本管理过程中，每月按照成本费用进行归集，与其实际成本比较，就每项成本的节超因素进行综合分析，找出原因，从而采取相应的措施。

（三）施工项目成本项目分析方法

从成本分析应为生产经营服务的角度出发，施工项目成本分析的内容应与成本核算对象的划分同步。如果一个施工项目包括若干个单位工程，并以单位工程作为成本核算对象，就应对单位工程进行成本分析。与此同时，还要在单位工程成本分析的基础上，进行成本项目的成本分析。

1. 人工费分析

人工费分析的主要依据是工程预算工日和实际人工的对比，分析出人工费节约和超支的原因。其主要因素有两个：人工费量差和人工费价差。

（1）人工费量差

计算人工费量差首先要计算工日差，就是实际耗用工日数和预算定额工日数的差异。根据验工月报或设计预算中的人工费补差中取得预算定额工日数，实耗人工根据外包管理部门的包清工成本工程款月报，列出实物量定额工日数和估点工工日数，用工日差乘以预算人工单价计算得出人工费量差，计算后可以看出由于实际用工的增加或减少，使人工费增加或减少。

（2）人工费价差

计算人工费价差先要计算出每工人工费价差，即预算人工单价和实际人工单价之差。预算人工单价是根据预算人工费除以预算工日数得出预算人平均单价；实际人工单价等于实际人工费实耗工日数。每工人工费价差乘以实际耗用工日数得出人工费价差，计算后可以看出由于每工人工单价增加或减少，使人工费增加或减少。

其计算公式如下：

人工费量差＝（实际耗用工日数－预算定额工日数）×预算人工单价

人工费价差＝（实际人工单价－预算人工单价）×实际耗用工日数

影响人工费节约和超支的原因是错综复杂的，除上述分析外，还应分析定额用工、估点工用工，并从管理上找原因。

2. 材料费分析

材料费分析包括主要材料和结构件费用、周转材料使用费、采购保管费、材料储备资金的分析。

（1）主要材料和结构件费用的分析

主要材料和结构件费用的高低，主要受价格和消耗数量的影响。而材料价格的变动，又要受采购价格、运输费用、途中损耗、来料不足等因素的影响；材料消耗数量的变动，也要受操作损耗、管理损耗和返工损失等因素的影响，可在价格变动较大和数量超出异常的时候再深入分析。

为了分析材料价格和消耗数量的变化对材料和结构件费用的影响程度，可按下列公式计算：

因材料价格变动对材料费的影响＝（实际单价－预算单价）×消耗数量

因消耗数量变动对材料费的影响＝（实际用量－预算用量）×预算价格

（2）周转材料使用费分析

在实行周转材料内部租赁制的情况下，项目周转材料费的节约或超支，决定于周转材料的周转利用率和损耗率。因为周转一慢，周转材料的使用时间就长，同时也会增加租赁费支出；而超过规定的损耗，要照原价赔偿。

周转利用率和损耗率的计算公式如下：

周转利用率＝（实际使用数×租用期内的周转次数）÷（进场数×租用期）×100%

损耗率＝退场数÷进场数×100%

(3) 采购保管费分析

材料采购保管费属于材料的采购成本,包括材料采购保管人员的工资、工资附加费、劳动保护费、办公费、差旅费,以及材料采购保管过程中发生的固定资产使用费、工具用具使用费、检验试验费、材料整理及零星运费和材料物资的盘亏及毁损等。

材料采购保管费一般应与材料采购数量同步,即材料采购多,采购保管费也会相应增加。因此,应该根据每月实际采购的材料数量(金额)和实际发生的材料采购保管费,计算材料采购保管费支用率,作为前后期材料采购保管费的对比分析之用。

材料采购保管费支用率=计算期实际发生的材料采购保管费÷计算期实际采购的材料总值×100%

(4) 材料储备资金分析

材料储备资金是根据日平均用量、材料单价和储备天数(即从采购到进场所需要的时间)计算的。上述任何两个因素的变动,都会影响储备资金的占用量。材料储备资金的分析,可以应用因素分析法。

储备天数的长短是影响储备资金的关键因素。因此,材料采购人员应该选择运距短的供应单位,尽可能减少材料采购的中转环节,缩短储备天数。

3. 机械使用费分析

项目经理部一般不可能拥有全部的自有机械设备,而是随着施工的需要,向企业动力部门或外单位租用。在机械设备的租用过程中,存在着两种情况:一种是按产量进行承包,并按完成产量计算费用的,如土方工程,项目经理部只要按实际挖掘的土方工程量结算挖土费用,而不必过问挖土机械的完好程度和利用程度;另一种是按使用时间(台班)计算机械费用的,如塔式起重机、搅拌机、砂浆机等,如果机械完好率差或在使用中调度不当,必然会影响机械的利用率,从而延长使用时间,增加使用费用。因此,项目经理部应该给予一定的重视。

机械完好率=(报告期机械完好台班数+加班台班)÷(报告期机械制度台班数+加班台班)×100%

机械利用率＝（报告期机械实际工作台班数＋加班台班）÷（报告期机械制度台班数＋加班台班）×100％

完好台班数，是指机械处于完好状态下的台班数，包括修理不满一天的机械，但不包括待修、在修、送修在途的机械。在计算完好台班数时，只考虑是否完好，不考虑是否在工作。制度台班数是指本期内全部机械台班数与制度工作天的乘积，不考虑机械的技术状态和是否工作。

4. 其他直接费分析

其他直接费是指施工过程中发生的除直接费以外的其他费用，包括：

①二次搬运费；

②工程用水电费；

③临时设施摊销费；

④生产工具用具使用费；

⑤检验试验费；

⑥工程定位复测；

⑦工程点交；

⑧场地清理。

其他直接费的分析主要应通过预算与实际数的比较来进行。如果没有预算数，可以以计划数代替预算数。

5. 间接费用分析

间接费用是指为施工准备、组织施工生产和管理所需要的费用，主要包括现场管理人员的工资和进行现场管理所需要的费用。间接费用的分析也应通过预算（或计划）数与实际数的比较来进行。

（四）施工项目专项成本分析方法

针对特定问题和与成本有关事项的专项分析，包括成本盈亏异常分析、工期成本分析、质量成本分析、资金成本分析、技术组织措施执行效果分析等内容。

1. 成本盈亏异常分析

成本出现盈亏异常情况，对施工项目来说，必须引起高度重视，必须彻底查明原因，必须立即加以纠正。

检查成本盈亏异常的原因,应从经济核算的"三同步"(即统计核算、业务核算、会计核算的"三同步")入手。因为,项目经济核算的基本规律是:在完成多少产值、消耗多少资源、发生多少成本之间,有着必然的同步关系。如果违背这个规律,就会发生成本的盈亏异常。

"三同步"检查是提高项目经济核算水平的有效手段,不仅适用于成本盈亏异常的检查,也可用于月度成本的检查。"三同步"检查可以通过以下五个方面的对比分析来实现:

①产值与施工任务单的实际工程量和形象进度是否同步;

②资源消耗与施工任务单的实耗人工、限额领料单的实耗材料、当期租用的周转材料和施工机械是否同步;

③其他费用(如材料价差、超高费和台班费等)的产值统计与实际支付是否同步;

④预算成本与产值统计是否同步;

⑤实际成本与资源消耗是否同步。

实践证明,把以上五方面的同步情况查明以后,成本盈亏的原因自然一目了然。

2. 工期成本分析

工期的长短与成本的高低有着密切的关系。一般情况下,工期越长,管理费用支出越多;工期越短,管理费用支出越少。固定成本的支出,基本上是与工期长短呈正比增减的,是进行工期成本分析的重点。

工期成本分析就是计划工期成本与实际工期成本的比较分析。计划工期成本是指在假定完成预期利润的前提下计划工期内所耗用的计划成本;而实际工期成本则是在实际工期中耗用的实际成本。

工期成本分析的方法一般采用比较法,即将计划工期成本与实际工期成本进行比较,然后应用因素分析法分析各种因素的变动对工期成本差异的影响程度。

进行工期成本分析的前提条件是根据施工图预算和施工组织设计进行量本利分析,计算施工项目的产量、成本和利润的比例关系,然后用固定成本除以合同工期，求出每月支出的固定成本。

3. 质量成本分析

质量成本是指建筑施工企业为了保证和提高建筑产品质量而支出的一切费用，以及因未达到质量标准，不能满足客户需要而产生的一切损失。质量成本一般包括预防成本、鉴定成本、内部损失成本和外部损失成本。

质量成本分析，即根据质量成本核算资料进行归纳、比较和分析，共包括四个方面的分析内容：

①质量成本总额的构成内容分析；

②质量成本总额的构成比例分析；

③质量成本各要素之间的比例关系分析；

④质量成本占预算成本的比例分析。

4. 资金成本分析

资金成本的关系就是工程收入与成本支出的关系。根据工程成本核算的特点，工程收入与成本支出有很强的配比性，在一般情况下，都希望工程收入越多越好。

施工项目的资金来源主要是工程款收入，而施工耗用的人、财、物的货币表现则是工程成本支出。因此，减少人、财、物的消耗，既能降低成本，又能节约资金。

进行资金成本分析通常应用成本支出率指标，即成本支出占工程款收入的比例。

计算公式如下：

成本支出率＝计算期实际成本支出÷计算期实际工程款收入×100％

通过对成本支出率的分析可以看出，资金收入中用于成本支出的比重有多大，也可通过加强资金管理来控制成本支出，还可联系储备金和结存资金的比重，分析资金使用的合理性。

5. 技术组织措施执行效果分析

技术组织措施是施工项目降低工程成本、提高经济效益的有效途径。因此，在开工以前都要根据工程特点编制技术组织措施计划，列入施工组织设计。在施工过程中,为了落实施工组织设计所列技术组织措施计划,可以结合月度施工作业计划的内容编制月度技术组织措施计划,还要对月度技术组织措施计划的执行情况进行检查和考核。

在实际工作中,往往有些措施已按计划实施,有些措施并未实施,有一些措施则是计划外的,因此,在检查和考核措施计划执行情况的时候,必须分析未按计划实施的具体原因,做出正确的评价,以免挫伤有关人员的积极性。

对执行效果的分析也要实事求是,既要按理论计算,又要联系实际,对节约的实物进行验收,然后根据实际节约效果论功行赏,以激励有关人员执行技术组织措施的积极性。

技术组织措施必须与施工项目的工程特点相结合,技术组织措施有很强的针对性和适应性(当然也有各施工项目通用的技术组织措施)。计算节约效果的方法一般按下式计算:

措施节约效果＝采取措施前的成本－采取措施后的成本

对节约效果的分析,需要联系技术组织措施的内容和措施执行效果来进行。有些措施难度比较大,但节约效果并不好;而有些措施难度并不大,但节约效果却很好。因此,在对技术组织措施执行效果进行考核的时候,也要根据不同情况区别对待。对于在项目施工管理中影响比较大、节约效果比较好的技术组织措施,应该以专题分析的形式进行深入详细的分析,以便推广应用。

6. 其他专项成本分析

在项目施工过程中,必然会有很多有利因素,同时也会碰到不少不利因素。不管是有利因素还是不利因素,都将对项目成本产生影响。

对待这些有利因素和不利因素,项目经理要有预见,有抵御风险的能力,同时还要把握机遇,充分利用有利因素,积极争取转换不利因素。这样就会更有利于项目施工,也更有利于项目成本的降低。

这些有利因素和不利因素包括工程结构的复杂性和施工技术上的难度,施工现场的自然地理环境(如水文、地质、气候等)以及物资供应渠道和技术装备水平等。它们对项目成本的影响需要具体问题具体分析。

三、施工项目成本考核

(一)施工项目成本考核概述

1. 施工项目成本考核的概念

施工项目成本考核应该包括两方面的考核,即项目成本目标(降低成本目标)完成情况的考核和成本管理工作业绩考核。这两方面的考核,都属于企业对工程项目部成本监督的范畴。应该说,成本降低水平与成本管理工作之间有着必然联系,又同受偶然因素的影响,但都是对项目成本评价的一个方面,都是企业对项目成本进行考核和奖罚的依据。

施工项目成本考核是指工程项目部在施工过程中和施工项目竣工时对工程预算成本、计划成本及有关指标的完成情况进行考核。通过考核,使工程成本得到更加有效的控制,更好地完成成本降低任务。

施工项目的成本考核可以分为两个层次:一是企业对项目经理的考核;二是项目经理对所属部门、施工队和班组的考核(对班组的考核,平时以施工队为主)。通过以上的层层考核,督促项目经理、责任部门和责任者更好地完成自己的责任成本,从而形成实现项目成本目标的层层保证体系。

2. 施工项目成本考核的作用

①施工项目成本考核的目的,在于贯彻落实责权利相结合的原则,促进成本管理工作的健康发展,更好地完成施工项目的成本目标。施工项目成本考核是衡量项目成本降低的实际成果,也是对成本指标完成情况的总结和评价。

②在施工项目的成本管理中,项目经理和所属部门、施工队直到生产班组,都有明确的成本管理责任,而且有定量的责任成本目标。通过定期和不定期的成本考核,既可对他们加强督促,又可调动他们成本管理的积极性。

③项目成本管理是一个系统工程,而成本考核则是系统的最后一个环节。如果对成本考核工作抓得不紧,或者不按正常的工作要求进行考核,前面的成本预测、成本控制、成本核算、成本分析都将得不到及时正确的评

价。这不仅会挫伤有关人员的积极性，而且会给今后的成本管理带来不可估量的损失。

施工项目的成本考核，特别要强调施工过程中的中间考核，这对具有一次性特点的施工项目来说尤为重要。因为通过中间考核发现问题，还能亡羊补牢。而竣工后的成本考核，虽然也很重要，但对成本管理的不足和由此造成的损失已经无法弥补。

3. 施工项目成本考核的原则及要求

(1) 施工项目成本考核的原则

①以国家的方针政策、法规和成本管理制度为考核的依据。要使项目经理提高施工经营管理水平，搞活经济，降低成本，提高竞争能力，首先要遵守国家的政策法规、施工管理和成本管理条例及实施细则，严格执行国家规定的成本开支范围和费用开支标准，确保工程质量和用户满意。因此，对施工项目成本进行考核时，必须以国家的政策法令为依据，检查、评价施工项目成本控制和管理工作。

②以施工项目成本计划为考核依据。施工项目成本计划是项目经理和职工的奋斗目标。因此，成本考核必须以计划为标准，检查成本计划的完成情况，查明成本升降的原因，从而更好地做好成本控制工作，促使项目经理更好地完成和超额完成成本计划规定的指标。

③以真实可靠的施工项目成本核算资料为考核的基础。考核项目成本必须依据真实、可靠的成本核算资料。如果成本核算资料不全面、不真实，也就失去了考核控制的基础。因此，在成本考核控制之前，首先要对成本核算所提供的各项数据进行认真的检查和审核，只有在数据真实、准确、可靠的基础上，才能对成本进行考核、评价和控制。

④以降低成本提高经济效益为考核目标。全面成本管理和成本控制的最终目的是降低成本，使项目经理能以最少的施工耗费，取得最大的经济效益。因此，成本核算考核要有利于调动职工群众的积极性、创造性，挖掘一切内部潜力，以便获得最佳经济效益。对于能够节约消耗，有效控制成本的方案与建议，应根据其贡献大小给予奖励；对于浪费资财，控制不力的部

门、单位和个人，应追究其经济责任。

施工项目成本考核的内容应该包括责任成本完成情况的考核和成本管理工作业绩的考核。从理论上讲，成本管理工作扎实，必然会使责任成本更好地落实。但是，影响成本的因素很多，而且有一定的偶然性，往往会使成本管理工作达不到预期的效果。为了鼓励有关人员成本管理的积极性，应该对他们的工作业绩通过考核做出正确的评价。

项目岗位成本考核内容与项目成本管理的职责，与岗位成本责任所表述的内容和重点不一致。前者讲述的是项目相关管理人员，在企业推行成本管理工作中，所要承担的工作责任；而后者讲的是项目内部在工程规模、人员安排和管理方式不同的情况下，在落实岗位成本责任和以此进行考核兑现前提下的，各岗位的工作目标和成本控制指标的经济责任。

（2）施工项目成本考核的要求

①企业对施工项目经理部进行考核时，应以确定的责任目标成本为依据。

②项目经理部应以控制过程的考核为重点，控制过程的考核应与竣工考核相结合。

③各级成本考核应与进度、质量、安全等指标的完成情况相联系。

④项目成本考核的结果应形成文件，为奖罚责任人提供依据。

4.施工项目成本考核的流程

（1）落实项目责任成本

公司与项目经理部之间在开工前，或者在开工后尽量短的一段时间内，计算项目的标准成本，同时与项目经理部谈判项目责任成本。经双方确认后，签订项目责任成本合同。

（2）落实项目管理人员安排和工作岗位

一般情况下，施工企业在实施项目责任成本管理工作中有一套制度来规范管理项目的成本管理工作，其中就会有一项关于不同项目的人员配备要求和岗位设置要求。这些指导性文件或规定，也是计算项目现场经费中的管理人员工资的基础。因此，公司要与项目经理部一起，计算、落实项目管理人员数量、岗位设置,包括工资标准和工资总额。

(3)分解项目责任成本,测算项目的内控成本

按照项目的管理情况和管理人员及其岗位的配置情况,分解责任成本指标。这个指标分解应该是全面性的,而且是覆盖性的,即项目责任成本在每个岗位分配指标后,应与项目的目标成本一致,不留缺口。

(4)根据管理岗位设置,计算不同岗位的成本考核指标

岗位成本考核指标设定和考核的额度,主要是根据岗位和相关人员,什么岗位管理什么内容,经测算应有什么样的成本支出,才能达到目标,而且这种成本支出需要进一步细化、优化才能进行决定。根据每个岗位的管理者,填列成本考核指标,并与岗位责任者签订岗位成本考核责任书,应具有工作内容、阶段指标、考核方法、时间安排、奖罚办法等明细内容。

(5)实施项目施工过程的计量和核算工作

岗位成本考核,原则上是不宜太复杂,本着干什么、管什么、算什么的原则,进行过程的控制和考核。岗位成本的计量工作,会计上的成本核算,在过去实现是非常困难的事情,随着会计电算化的快速进步,现在已是非常简单了。通过成本科目在收支的相关科目中实行部门或个人的辅助核算,就能达到区分和计量的目的。但会计上的核算都是已发生的成本,属于过去时,还需要设计一套专用账簿进行实时核算和计量,及时向有关责任人提供信息。

(6)项目岗位成本考核的评价工作

岗位工作一旦结束,或者取得明确的阶段计量,就可以进行阶段考核和业绩评价,评价可以是某个岗位工作全部完成的时候,也可以分阶段进行对比,但首先有一点,就是计量清楚,另外一点是阶段考评和结果只能是部分兑现,因为全部工作尚未完成,偶然性的问题还可能会出现。

5. 施工项目成本考核内容

(1)企业对项目经理的考核

①企业对项目经理考核的具体内容。

a. 对责任目标成本的完成情况,包括总目标及其所分解的施工各阶段、

各部分或专业工程的子目标的完成情况。

b. 项目经理是否认真组织成本管理和核算,对企业所确定的项目管理方针及有关技术组织措施的指导性方案是否认真贯彻实施。

c. 项目经理部的成本管理组织与制度是否健全,在运行机制上是否存在问题。

d. 项目经理是否经常对下属管理人员进行成本效益观念的教育,管理人员的成本意识和工作积极性。

e. 项目经理部的核算资料账表等是否正确、规范、完整,成本信息是否能及时反馈,能否主动取得企业有关部门在业务上的指导。

f. 项目经理部的效益审计状况,是否存在实亏虚盈的情况,有无弄虚作假的情节。

②项目经理部可控责任成本考核指标。

a. 项目经理责任目标总成本降低额和降低率。

目标总成本降低额=项目经理责任目标总成本-项目竣工结算总成本

目标总成本降低率=目标总成本降低额÷项目经理责任目标总成本×100%

b. 施工责任目标成本实际降低额和降低率。

施工责任目标成本实际降低额=施工责任目标总成本-工程竣工结算总成本

施工责任目标成本实际降低率=施工责任目标成本实际降低额÷施工责任目标总成本×100%

c. 施工计划成本实际降低额和降低率。

施工计划成本实际降低额=施工计划总成本-工程竣工结算总成本

施工计划成本实际降低率=施工计划成本实际降低额÷施工计划总成本×100%

(2) 项目经理对所属各部门、各施工队和班组考核的内容

①对各部门的考核内容。

a. 本部门、本岗位责任成本的完成情况。

b. 本部门、本岗位成本管理责任的执行情况。

②对各施工队的考核内容。

a. 对劳务合同规定的承包范围和承包内容的执行情况。

b. 劳务合同以外的补充收费情况。

c. 对班组施工任务单的管理情况，以及班组完成施工任务后的考核情况。

③对生产班组的考核内容。平时由施工队对生产班组进行考核，主要是以分部分项工程成本作为班组的责任成本，以施工任务单和限额领料单的结算资料为依据，考核班组责任成本的完成情况。

（二）施工项目成本考核的实施

1. 施工项目的成本考核采取评分制

具体方法为：先按考核内容评分，然后按七与三的比例加权平均，即责任成本完成情况的评分为七，成本管理工作业绩的评分为三。这是一个假设的比例，施工项目可以根据具体情况进行调整。

2. 施工项目的成本考核要与相关指标的完成情况相结合

具体方法为：成本考核的评分是奖罚的依据，相关指标的完成情况为奖罚的条件。也就是在根据评分计奖的同时，还要参考相关指标的完成情况加奖或扣罚。与成本考核相结合的相关指标，一般有进度、质量、安全和现场标化管理。以质量指标的完成情况为例，说明如下：

①质量达到优良，按应得奖金再增加奖金的20%；

②质量合格，奖金不加不扣；

③质量不合格，扣除应得奖金的50%。

3. 强调项目成本的中间考核

①月度成本考核。一般是在月度成本报表编制以后，根据月度成本报表的内容进行考核。在进行月度成本考核的时候，不能单凭报表数据，还要结合成本分析资料和施工生产、成本管理的实际情况，才能做出正确的评价，带动今后的成本管理工作，保证项目成本目标的实现。

②阶段成本考核。项目的施工阶段一般可分为基础、结构、装饰、总体

四个阶段。如果是高层建筑，可对结构阶段的成本进行分层考核。

阶段成本考核的优点在于能对施工告一段落后的成本进行考核，可与施工阶段其他指标（如进度、质量等）的考核结合得更好，也更能反映施工项目的管理水平。

4. 正确考核施工项目的竣工成本

施工项目的竣工成本是在工程竣工和工程款结算的基础上编制的，是竣工成本考核的依据。

工程竣工表示项目建设已经全部完成，并已具备交付使用的条件（即已具有使用价值）。而月度完成的分部分项工程，只是建筑产品的局部，并不具有使用价值，也不可能用来进行商品交换，只能作为分期结算工程进度款的依据。因此，真正能够反映全貌而又正确的项目成本，是在工程竣工和工程款结算的基础上编制的。

由此可见，施工项目的竣工成本是项目经济效益的最终反映。它既是上缴利税的依据，又是进行职工分配的依据。由于施工项目的竣工成本关系到国家、企业、职工的利益，必须做到核算正确，考核正确。

5. 施工项目成本的奖罚

施工项目的成本考核如上所述，可分为月度考核、阶段考核和竣工考核三种。对成本完成情况的经济奖罚，也应分别在上述三种成本考核的基础上立即兑现，不能只考核，不进行奖罚，或者考核后拖了很久才奖罚。因为这样职工会认为领导对贯彻责权利相结合的原则执行不力，忽视群众利益。

由于月度成本和阶段成本都是假设性的，正确程度有高有低。因此，在进行月度成本和阶段成本奖罚的时候不妨留有余地，然后按照竣工成本结算的奖金总额进行调整（多退少补）。

施工项目成本奖罚的标准，应通过经济合同的形式明确规定。这就是说，经济合同规定的奖罚标准具有法律效力，任何人都无权中途变更，或者拒不执行。通过经济合同明确奖罚标准以后，职工群众就有了争取目标，因而也会在实现项目成本目标中发挥更加积极的作用。

在确定施工项目成本奖罚标准的时候，必须从本项目的客观情况出发，既要考虑职工的利益，又要考虑项目成本的承受能力。一般情况下，造价低的项目，奖金水平要定得低一些；造价高的项目，奖金水平可以适当提高。具体的奖罚标准，应该经过认真测算再行确定。

此外，企业领导和项目经理还可对完成项目成本目标有突出贡献的部门、施工队、班组和个人进行随机奖励。这是项目成本奖励的另一种形式，不属于上述成本奖罚范围，而这种奖励形式，往往能起到立竿见影的效用。

（三）施工项目岗位成本考核

施工项目岗位成本考核是施工项目成本考核的一个重要部分，是施工项目落实成本控制目标的关键，是将项目施工成本总计划支出在结合项目施工方案、施工手段和施工工艺、讲究技术进步和成本控制的基础上提出的，是针对施工项目不同的管理岗位人员而做出的成本耗费目标要求。公司将项目施工成本控制总额落实到项目经理部，项目经理部根据项目人员组成和岗位配备情况，按一定的方法分解给各管理岗位或主要管理者。在此基础上按管理岗位分解指标，责任到人，实行风险抵押，按期考核。

施工项目成本责任总额的确定仅仅是施工项目成本控制的开始。只有把施工项目成本控制指标通过一定的方法和手段分解到每个岗位和每个管理者，并通过风险抵押和严格奖罚措施，使项目总的成本控制指标变成若干个分项指标，使项目经理一个人的压力变为群体压力，才能实现项目施工成本的分层控制。只有这样，施工项目成本管理和施工项目成本控制的目标才能实现。因此，施工项目岗位成本考核是施工项目成本考核，特别是施工项目成本控制的基础。没有这个基础，施工项目成本控制就得不到落实，就无法实现施工项目成本控制目标。

1. 施工项目岗位成本考核的内容

施工项目岗位成本考核是施工项目成本管理的职责，其内容是项目内部在工程规模、人员安排和管理方式不同的情况下，在落实岗位成本责任和以此进行考核兑现前提下的各岗位考核内容和工作内容。

施工项目岗位成本考核内容一般按施工项目管理岗位而定。工程项目有大有小，大的可以有几亿，小的只有几百万。工程项目部人员和管理者的数量一般按规模大小和工作岗位的要求进行人员配备。工程体量大的，特别是项目由多个单体组成的，责任人员多一些，可由多个施工员组成，每个施工员负责一个项目的施工组织；项目设两个财务人员，分别负责出纳工作和核算工作；材料部门由几个人员组成，分别负责大宗材料、仓库保管、周转材料及租赁材料的保管和材料总负责等。而体量小一些的项目可能只要一个施工员，甚至连项目经理也可以是同一个人，只需要一个材料人员就能完成本职工作，另外安排一人或一人兼职对其材料验收和耗费进行监督即可。因而，项目人员配备不是一成不变的，而是要根据工程项目的规模和体量灵活安排。

根据项目管理岗位要求，项目主要管理者在项目岗位成本考核的过程中应当考核的内容如下：

（1）项目经理

项目经理要对施工项目成本计划总支出承担责任。组织管理项目相关人员；在施工项目成本责任总额的基础上，测算施工项目成本计划总支出；并按管理岗位将施工项目成本计划总支出分解成若干个分项指标；与相关管理岗位的人员或者负责人商量、落实、签订项目的岗位成本责任控制指标、考核方法和奖罚方法。

（2）项目工程师

项目工程师要对项目的技术措施降低成本承担责任。项目工程师要组织和编制经济的项目施工组织设计，以达到成本最优的目的；制定技术措施中的成本降低计划；负责组织实施；收集技术措施在降低成本方面的资料，积极探讨优化施工工艺，努力降低成本；编制总进度计划；编制总的工具和设备使用计划。

（3）预算员

预算人员要对项目的分包成本支出总额承担责任。项目预算人员除了在施工项目成本核算中要承担责任外，还要对项目的分包成本支出承担责任。一般情况下，较大的分包行为由公司组织洽谈其单价和合同价，但这个合同价，公司在与项目的成本责任合同中都给予了补偿，项目部的主要工作是在其总量和总价范围内实施控制。这个责任往往是由项目的预算人员来完成的。在专业越来越多的情况下，分包成本的控制又往往具体落实到施工员或工长的身上，预算人员的责任就是与各施工员一起，把分包成本控制在公司给予的额度内，而且在保证质量的前提下，越低越好。由于项目施工员只能对其责任范围内的分包成本进行把握，因而，项目内众多分包成本的总控制就必须由预算人员完成。预算人员对分包成本核算的控制主要包括每个分包内容的单价、工日数和分包结算数，以防止施工员多签分包费用、分包单价和分包工日。控制基数就是项目分部分项岗位成本责任或岗位成本的额度，所以，对于分包结算，预算人员要在施工确认的基础上进行审核并承担最后把关的责任。当然，对外分包结算由于是两个法人之间的行为，最终还须经过公司审定和确认，但就施工项目成本和岗位成本考核而言，预算人员对项目本身的分包成本也必须承担责任。

（4）质量监督员

质量监督员要对项目质量成本支出总额承担责任。质量监督员要按照公司成本管理要求，组织开展质量成本管理的培训；编写、修订企业质量成本管理文件；与财务部门一起研究和设置质量成本科目；落实企业质量成本计划；负责质量检查、验收工作，控制质量成本；撰写质量成本报告，对质量成本做出综合分析；提供为提高质量而发生的实物量统计表及返修、奖罚资料；揭示企业质量管理体系运行中的不合格（无效）工作和不合格（有缺陷）产品，为企业质量改进活动和整体管理水平指明方向。

（5）材料员

材料人员要对项目材料消耗总量、采购单价和项目租赁的周转材料工具总支出负责。材料人员（较大项目有几个材料人员时，则为材料负责人）要掌握项目总的各种材料的消耗量以及工程施工过程中，由于设计变更和工程签证而引起的材料计划消耗量的变化，并根据施工过程中的定额消耗，分析材料消耗的合理性；材料人员在实际施工过程中，往往会控制项目的部分材料采购单价。按照项目的定位和一般要求，项目是成本中心，由于不采购材料，似乎不需要实施对材料采购单价的控制。但实际运行中，由于项目耗用材料包罗万象，公司不可能对每种材料都能及时供应，所以，在实际操作中，公司往往把小型的、零星的、数量不易把握、也算不清的材料以一个经验数值算给项目部，让其包干。对于这一部分项目，在实际工作中就存在一个材料采购单价的控制问题，项目经理在其岗位成本考核和控制中，也往往把这类材料交给材料人员或者材料负责人员。所以，材料人员对其小型的、零星的材料采购单价和量的消耗，要在岗位成本考核中给予体现。

周转材料工具的租赁费用控制同样是材料人员的责任，这也是材料人员的岗位成本考核内容（也可以通过项目安排给其他管理人员负责）。公司一般情况下根据其收入、施工方案和施工组织设计有关内容，计算出交给项目的周转材料工具的可支配总额。实际施工过程中，可能由于设计变更和签证，会引起调整，所以，工程竣工后的实际结算，要调整其周转材料工具的项目收入。对周转材料工具的控制，实质上就是项目不得突破公司给定的总额。另外，材料人员还要分清不同的耗费对象，以便落实各施工员的岗位成本责任，分析周转材料工具收支节约或超支的原因和奖罚对象。

（6）成本员

成本会计或成本员要对施工项目成本核算的准确性承担责任，对项目现场经费的开支承担责任。成本会计要按公司规定的方法，一方面，正确开展项目施工成本核算，按规定的程序收付款项，保证款项支付的合理规范和真实准确。在施工项目成本的现场经费的总额内，按项目消耗对象的实施现场经费控制。另一方面，根据项目岗位成本考核对象，建立岗位成本台账，定期组织项目岗位成本考核。岗位考核内容结束后，要立即组织汇总和反映，为兑现和奖罚及时提供其实际耗费数据。

（7）劳资员

劳资、统计人员要对各岗位考核成本的收入承担责任。目前，项目施工大都实行管理层与作业层分离，项目没有很多的工人，即使有，也只是一些专业技工人员，因此，实际工作中许多单位把劳资员与统计员的工作合在一起，由一人承担。项目的劳资工作由于较少，其统计工作往往占主要内容。统计人员在项目岗位成本考核工作中，重点要落实每个核算期内各施工员和各岗位的岗位成本考核的收入，以便成本会计对各岗位的成本考核情况进行计算。另外，统计员在计算各岗位的成本考核收入时，其整个项目岗位就成本考核的总额不得大于竣工后经调整的项目施工成本计划总支出。

（8）班组长

项目的施工员或者工长，在项目的岗位成本考核过程中责任重大，要对管理范围内的成本耗费承担责任。施工员的岗位成本考核内容主要是在其管理范围内的岗位成本收支考核。例如，钢筋混凝土施工员的成本考核内容是：根据其分项的各种预算消耗量确定其整个管理范围内的耗资控制总量，包括人工工日的消耗控制量、钢材和混凝土的消耗控制总量、周转材料工具的占有时间、工期的控制时间等控制指标以及奖罚方法和奖罚额度。所以，施工员的岗位成本考核是项目最基本的岗位成本考核，而其他的专业岗位成本考核主要是防止总量的超支和对单价的控制，而平时最有效的成本控制则主要落实在施工员的身上。

综合来看，每个管理者都有相应的管理责任，这里对所选择的相关管理人员的岗位责任作一些讨论。每个企业的管理都有一定的特点，可以综合上述各岗位成本责任内容，结合企业的先进经验，进行一些成功的岗位成本控制和考核探讨。

2.施工项目岗位成本考核方法

施工项目岗位成本的考核方法一般采用表格法，主要分为开工前的总量的计算落实、施工过程中分阶段的考核和完工后的总考核及其奖罚兑现。

（1）岗位成本考核总量的计算和落实

项目班子组建完成后，应根据公司下达的项目施工成本责任总额和项目情况，结合施工方案，计算和制定项目施工成本支出总计划。

①根据人员的构成情况，依据项目施工成本支出总计划，立即进行岗位成本的考核内容分工。这里要强调的一点是，各岗位成本考核和控制指标不得大于项目施工成本计划总支出。

②岗位成本考核在项目的成本控制中不能留有口子，也就是说，项目施工成本总计划的每项预计支出都要落实到人。

③每项岗位成本控制和考核不仅要有内容、有范围，还要有指标、有奖罚方法。通常情况下，项目在测定了各管理岗位的成本考核指标后，或者测定某个岗位的成本考核指标后，由项目经理与岗位的责任人商定并签订岗位的成本考核指标，并以内部合同的形式予以确定。内部合同的内容一般有：项目名称、岗位成本考核范围、岗位成本考核的具体方法和指标、奖罚方法、风险抵押金额、岗位成本考核的责任人、项目负责人、考核时间和合同签订时间。

岗位考核成本指标计算表一般由以下结构组成：第一部分为表头部分，主要有表格名称、项目名称、岗位责任范围、工期；第二部分为主表，有工序名称、工程量、单价、总价、各具体工作（工序）的时间安排；第三部分为表尾，主要有项目岗位成本责任总额、项目经理签字、预算人员签字、岗位责任人签字和签订时间。

项目的岗位成本责任书一经签订就要严格执行。一般情况下，岗位成本责任书要一式三份或一式四份，其中，岗位责任人至少一份。

（2）项目施工过程中的分阶段考核

这主要由两部分构成：一是岗位成本责任因签证或设计变更而引起的调整；二是分阶段的收支考核，考核期一般同会计核算期限一致，即每月一次。

①考核指标的调整。根据合同约定的岗位成本责任的调整方法，项目收入一旦发生调整，相关管理范围或岗位对象也应做出相应调整，一般按调整因素，计算和确认项目施工成本收入调整中属于某岗位的调整额。

②分阶段的考核。在确定工程收入中属于项目的成本收入部分后，项目统计员要根据各岗位所完成的工程量和岗位考核方法，计算各岗位的成本核算期的岗位成本收入，经预算员确认后，报项目会计处。项目施工成本会计根据各要素提供者所提供的相关报表或资料，计算各岗位成本的耗费和其相应的指标节约或超支情况。

（3）完工后岗位成本的总考核与奖罚兑现

一般在该岗位工作内容完成后计算确认，主要由项目施工成本会计召集相关人员计算而定。其基本步骤如下：

①取得原始的岗位考核指标；

②从统计员，特别是预算人员处取得岗位成本考核的调整数；

③汇总该岗位的累计成本收支数或收支量；

④编制完工岗位成本总考核表；

⑤根据岗位成本考核合同书中的相关内容，计算该岗位的奖罚和比例；

⑥劳资员计算，项目经理签认其奖罚书；

⑦工程竣工后，补差各岗位成本责任考核的奖罚留存数；

⑧通知公司财务退还相关岗位责任者的风险抵押金。

第四章 建筑工程质量管理

第一节 建筑工程质量管理基础

一、建筑工程质量管理概论

(一) 质量与建筑工程质量

质量是指反映实体满足明确或隐含需要能力的特性的总和。质量的主体是"实体",实体可以是活动或者过程的有形产品(如建成的厂房、装修后的住宅和无形产品),也可以是某个组织体系或人,以及上述各项的组合。"需要"一般指的是用户的需要,也可以指社会及第三方的需要。"明确需要"一般是指甲乙双方以合同契约等方式予以规定的需要,而"隐含需要"则是指虽然没有任何形式给予明确规定,但却是人们普遍认同的、无须事先声明的需要。

特性是区分他物的特征,可以是固有的或赋予的,也可以是定性的或定量的。固有的特性是在某事或某物中本来就有的,是产品、过程或体系的一部分,尤其是那种永久的特性。赋予的特性(如某一产品的价格)并非是产品、过程或者体系本来就有的。质量特性是固有的特性,并通过产品、过程或体系设计、开发及开发后的实现过程而形成的属性。

工程质量除具有上述普遍的质量的含义之外,还具有自身的某些特点。在工程质量中,还须考虑业主需要的,符合国家法律、法规、技术规范、标准、设计文件及合同规定的特性综合。

（二）质量管理与工程质量管理

质量管理是指在质量方面指挥和控制组织协调的活动。质量管理的首要任务是确定质量方针、目标和职责，核心是建立有效的质量管理体系，通过具体的四项活动，即质量策划、质量控制、质量保证和质量改进，确保质量方针、目标的实施和实现。

1. 质量策划

质量策划是质量管理的一部分，其致力于制定质量目标并规定行动过程和相关资料以实现质量目标。质量策划的目的在于制定并采取措施实现质量目标。质量策划是一种活动，其结果形成的文件可以是质量计划。

2. 质量控制

质量控制是质量管理的重要组成部分，其目的是使产品、体系或过程的固有特性达到规定的要求，以满足顾客、法律、法规等方面提出的质量要求（如适用性、安全性等）。所以，质量控制是通过采取一系列的作业技术和活动对各个过程实施控制，如质量方针控制、文件和记录控制、设计和开发控制、采购控制、不合格控制等。

3. 质量保证

质量保证是指为了提供足够的信任表明工程项目能够满足质量要求，而在质量体系中实施并根据需要进行证实的有计划、有系统的全部活动。质量保证定义的关键是"信任"，由一方向另一方提供信任。因为两方的具体情况不同，质量保证分为内部和外部两部分：内部质量保证是企业向自己的管理者提供信任；外部质量保证是企业向顾客或第三方认证机构提供信任。

4. 质量改进

质量改进是指企业及建设单位为获得更多收益而采取的旨在提高活动与过程的效益和效率的各项措施。

工程质量管理就是在工程的全生命周期内，对工程质量进行的监督和管理。针对具体的工程项目，就是项目质量管理。

二、质量管理体系

（一）全面质量管理（TQC）的思想

TQC（Total Quality Control）即全面质量管理，是20世纪中期开始在欧美和日本广泛应用的质量管理理念和方法。我国从20世纪80年代开始并推广全面质量管理，其基本原理是强调在企业或组织最高管理者的质量方针指引下，实行全面、全过程和全员参与的质量管理。

TQC的主要特征是以顾客满意为宗旨，领导参与质量方针与目标的制定，提倡预防为主、科学管理、用数据说话等。在当今世界标准化组织颁布的ISO 9000质量管理体系标准中，处处都体现了这些重要特点和思想。建设工程项目的质量管理，同样应贯彻"三全"管理的思想和方法。

1. 全面质量管理

建筑工程项目的全面质量管理，是指项目参与各方所进行的工程项目质量管理的总称，其中包括工程（产品）质量和工作质量的全面管理。量的保证，工作质量直接影响产品质量的形成。建设单位、监理单位、施工总承包单位、施工分包单位、材料设备供应商等，任何一方疏忽或质量责任不落实都会造成对建设工程质量的不利影响。

2. 全过程质量管理

全过程质量管理，是指根据工程的形成规律推进。《质量管理体系基础和术语》强调质量管理的"过程方法"管理原则，要求应用"过程方法"进行全过程质量控制。

要控制的主要过程有：项目策划与决策过程；勘察设计过程；设备材料采购过程；施工组织与实施过程；监测设施控制与计量过程；施工生产的检验试验过程；工程质量的评定过程；工程竣工验收与交付过程；工程回访维修服务过程等。

3. 全员参与质量管理

按照全面质量管理的思想，组织内部的每个部门和工作岗位都应承担相应的质量职能，组织的最高管理者确定了质量方针和目标，就应组织和动员全体员工参与到实施质量方针的系统活动中去，发挥自己的角色作用。开展全员参与质量管理的重要手段就是运用目标管理方法，将组织的质量总目标逐级进行分解，使其形成自上而下的质量目标分解体系与自下而上的质量目标保证体系，发挥组织系统内部每个工作岗位、部门或团队在实现质量总目标过程中的作用。

（二）质量管理的 PDCA 循环

PDCA 循环是将质量管理分为四个阶段，即 Plan（计划）、Do（执行）、Check（检查）和 Act（处理）。在质量管理活动中，要求把各项工作按照作出计划、计划实施、检查实施效果，然后将成功的纳入标准，不成功的留待下一循环去解决。这一工作方法是质量管理的基本方法，也是企业管理各项工作的一般规律。

从某种意义上说，管理就是确定任务目标，并且通过 PDCA 循环来实现预期目标。每一循环都围绕着实现预期目标，进行计划、实施、检查和处置活动，随着对存在问题的解决与改进，在一次一次的滚动循环中不断上升，不断增强质量管理能力，不断增加质量水平。

（三）施工项目质量管理人员职责

建立健全技术质量责任制，把质量管理全过程中的每项具体任务落实到每个管理部门和个人身上，使质量工作事事有人管，人人有岗位，办事有标准，工作有考核，形成一个完整的质量保证体系，保证工程质量达到预期目标。

工程项目部现场质量管理班组由项目部经理、副经理、项目总工程师、施工员、技术员、质量员、材料员、测量员、试验员、计量员、资料员等组成，现场质量管理班组主要管理人员的职责如下：

1. 项目经理

项目经理受企业法人委托，全面负责履行施工合同，是项目质量的第一负责人，负责组织项目管理部全体人员，保证企业质量体系在本项目中的有效运行；协调各项质量活动；组织项目质量计划的编制，确保质量体系进行时资源的落实；以保证项目质量达到企业规定的目标。

2. 项目总工程师

项目总工程师全面负责项目技术工作，组织图样会审，组织编制施工组织设计，审定现场质量、安全措施，及对设计变更等交底工作。

3. 施工员

施工员落实项目经理布置的质量职能，有效地对施工过程的质量进行控制，按公司质量文件的有关规定组织并指挥生产。

4. 技术员

技术员协助项目经理进行项目质量管理，参加质量计划和施工组织设计的编制，做好设计变更和技术核定工作，负责技术复核工作，解决施工中出现的技术问题，负责隐蔽工程验收的自检和申请工作等，督促施工员、质量员及时做好自检和复检工作，负责工程质量资料的积累和汇总工作。

5. 质量员

质量员组织各项质量活动，参与施工过程的质量管理工作，在授权范围内对产品进行检验，控制不合格品的产生。采取各种措施，确保项目质量达到规定的要求。

6. 材料员

材料员负责落实项目的材料质量管理工作，执行物资采购，顾客提供产品、物资的检验和试验等文件的有效规定。

7. 测量员

测量员负责项目的测量工作，为保证工程项目达到预期质量目标，提供有效的服务与积累有关的资料。

8. 试验员

试验员负责项目所需材料的试验工作，保证其结果满足工程质量管理需要，并积累有关资料。

9. 计量员

计量员负责项目的计量管理，对项目使用的各种检测报告的有效性进行控制。

10. 资料员

资料员负责项目技术质量资料和记录的管理工作，执行公司有关文件的规定，保证项目技术质量资料的完整性及有效性。

11. 机械管理员

机械管理员执行公司机械设备管理和保养的有关规定，保证施工项目使用合格的机械设备，以满足生产的需要。

三、施工项目质量控制

（一）施工项目质量控制的概念

施工项目质量控制是指为了达到施工项目质量要求所采取的作业技术和活动。施工企业应为业主提供满意的建筑产品，对建筑施工过程实行全方位的控制，防止不合格的建筑产品产生。

①工程项目质量要求主要表现为工程合同、设计文件、技术规范规定的质量标准。因此，工程项目质量控制就是为了保证达到工程合同设计文件及标准规范规定的质量标准而采取的一系列措施、手段和方法。

②建设工程项目质量控制按其实施者的不同，包括三个方面：一是业主方面的质量控制；二是政府方面的质量控制；三是承建商方面的质量控制。这里的质量控制主要指承建商方面内部的、自身的控制。

③质量控制的工作内容包括作业技术和活动，也就是专业技术和管理技术两个方面。围绕产品质量形成全过程的各个环节，对影响工作质量的人、机、料、法、环五大因素进行控制，并对质量活动的成果进行分阶段验证，以便及时发现问题，采取相应的措施，防止不合格质量重复发生，尽可能地减少损失。所以，质量控制应贯彻以预防为主并与检验把关相结合的原则。

（二）施工质量控制的基本环节

施工质量控制应贯彻全面、全员、全过程质量管理的思想，运用动态控制原理，进行质量的事前控制、事中控制和事后控制。

1. 事前控制

事前控制是在各工程对象正式施工活动开始前，对各项准备工作及影响质量的各因素进行控制，这是确保施工质量的先决条件，其具体内容包括以下几个方面：

①审查各承包单位的技术资质；

②对工程所需材料、构件、配件的质量进行检查和控制；

③对永久性生产设备和装置，按审批同意的设计图纸组织采购或者订货；

④施工方案和施工组织设计中应含有保证工程质量的可靠措施；

⑤对工程中采用的新材料、新工艺、新结构、新技术，应审查其技术鉴定书；

⑥检查施工现场的测量标桩、建筑物的定位放线和高程水准点；

⑦完善质量保证体系；

⑧完善现场质量管理制度；

⑨组织设计交底与图纸会审。

2. 事中控制

事中控制是在施工过程中对实际投入的生产要素质量及作业技术活动的实施状态和结果所进行的控制，包括作业者发挥技术能力过程的自控行为和来自有关管理者的监控行为，其具体内容有以下几个方面：

①完善的工序控制；

②严格工序之间的交接检查工作；

③重点检查重要部位和专业过程；

④对完成的分部、分项工程按照相应的质量评定标准和办法进行检查、验收；

⑤审查设计图纸变更和图纸修改；

⑥组织现场质量会议，及时分析通报质量的情况。

3. 事后控制

事后控制是对通过施工过程所完成的具有独立的功能和使用价值的最终产品以及有关方面的质量进行控制，其具体内容包括以下几个方面：

①按规定质量评定标准和办法对已完成的分项分部工程、单位工程进行

检查验收；

②组织联动试车；

③审核质量检验报告及有关技术性文件；

④审核竣工图；

⑤整理有关工程项目质量的技术文件，并编目、建档。

(三) 施工生产要素的质量控制

施工生产要素是施工质量形成的物质基础，其质量的含义包括以下内容：作为劳动主体的施工人员，即直接参与施工的管理者、作业者的素质及其组织效果；作为劳动对象的建筑材料、半成品、工程用品、设备等的质量；作为劳动方法的施工工艺及技术措施的水平；作为劳动手段的施工机械、设备、工具、模具等的技术性能；施工环境—现场水文、地质、气象等自然环境，通风、照明、安全等作业环境以及协调配合的管理环境。

1. 施工人员的质量控制

施工人员的质量包括参与工程施工各类人员的施工技能、文化素养、生理体能、心理行为等方面的个体素质，以及经过合理组织和激励发挥个体潜能综合形成的群体素质。所以，企业应通过择优录用、加强思想教育及技能方面的教育培训，合理组织、严格考核，并辅以必要的激励机制，使企业员工的潜在能力得到充分的发挥和最好的组合，使施工人员在质量控制系统中发挥主体自控作用。

施工企业必须坚持执业资格注册制度和作业人员持证上岗制度；对所选派的施工项目领导者、组织者进行教育与培训，使其所拥有的质量意识和组织管理能力能满足施工质量控制的要求；对所属施工队伍进行全员培训，加强质量意识的教育和技术训练，提高每个作业者的质量活动能力和自控能力；对分包单位进行严格的资质考核和施工人员的资格考核，其资质、资格必须符合相关法规规定，与之分包的工程相适应。

2. 材料设备的质量控制

原材料、半成品及工程设备是工程实体的构成部分，其质量是项目工程实体质量的基础。加强原材料、半成品及工程设备的质量控制，不仅是提高工程质量的必要条件，也是实现工程项目投资目标与进度目标的前提。

对原材料、半成品及工程设备进行质量控制的主要内容包括：控制材料设备的性能、标准、技术参数与设计文件的相符性；控制材料、设备各项技术性能指标、检验测试指标与标准规范要求的相符性；控制材料、设备进场验收程序的正确性及质量文件资料的完备性；控制优先采用节能低碳的新型建筑材料和设备，禁止使用国家明令禁用或淘汰的建筑材料和设备等。

施工单位应在施工过程中贯彻执行企业质量程序文件中关于材料与设备封样、采购、进场检验、抽样检测及质保资料提交等方面明确规定的一系列控制标准。

3. 工艺方案的质量控制

施工工艺的先进合理是直接影响工程质量、工程进度及工程造价的关键因素，施工工艺的合理可靠也将直接影响到工程施工安全。所以，在工程项目质量控制系统中，制定和采用技术先进、经济合理、安全可靠的施工技术工艺方案，是工程质量控制的重要环节。对施工工艺方案的质量控制主要包括以下内容：

①深入、正确地分析工程特征、技术关键及环境条件等资料，明确质量目标、验收标准、控制的重点和难点；

②制定合理有效的、有针对性的施工技术方案和组织方案，前者包括施工工艺、施工方法，后者包括施工区段划分、施工流向及劳动组织等；

③合理选用施工机械设备和设置施工临时设施，合理布置施工总平面图和各阶段施工平面图；

④选用和设计保证质量和安全的模具、脚手架等施工设备；

⑤编制工程所采用的新材料、新技术、新工艺的专项技术方案和质量管理方案；

⑥针对工程具体情况，分析气象、地质等环境因素对施工的影响，制定应对措施。

4. 施工机械的质量控制

施工机械是指施工过程中使用的各类机械设备，包括起重运输设备、人货两用电梯、加工机械、操作工具、测量仪器、计量器具以及专用工具和施工安全设施等。施工机械设备是所有施工方案和工法得以实施的重要物质基础，合理选择和正确使用施工机械设备是保证施工质量的重要措施。

①对施工所用的机械设备，应该根据工程需要从设备选型、主要性能参数及使用操作要求等方面加以控制，符合安全、适用、经济、可靠、节能和环保等方面的要求。

②对施工中使用的模具、脚手架等施工设备，除可按适用的标准定型选用之外，一般须按设计及施工要求进行专项设计，对其设计方案和制作质量的控制及验收应进行重点控制。

③按现行施工管理制度要求，工程所用的施工机械、模板、脚手架，特别是危险性较大的现场安装的起重机械设备，不仅要对其设计安装方案进行审批，而且安装完毕交付使用前必须经专业管理部门验收，合格后方可使用。同时，在使用过程中还须落实相应的管理制度，以确保其安全、正常使用。

5. 施工环境因素的控制

环境的因素主要包括施工现场自然环境因素、施工质量管理环境因素和施工作业环境因素。环境因素对工程质量的影响，具有复杂多变和不确定性的特点，具有明显的风险特性。要减少其对施工质量的不利影响，主要是采取预测预防的风险控制方法。

（1）对施工现场自然环境因素的控制

对地质、水文等方面的影响因素，应根据设计要求，分析工程岩土地质资料，预测不利因素，并会同设计等方面制定相应的措施，采取如基坑降水、排水、加固围护等技术控制方案。

对天气气象方面的影响因素，应在施工方案中制定专项紧急御寒，明确在不利条件下的施工措施，落实人员、器材等方面的准备，加强施工过程中的监控和预警。

（2）对施工质量管理环境因素的控制

施工质量管理环境因素主要是指施工单位质量保证体系、质量管理制度和各参建施工单位之间的协调等因素。要根据工程承发包的合同结构，理顺管理关系，建立统一的现场施工组织系统和质量管理的综合运行机制，以确保质量保证体系处于良好的状态，创造良好的质量管理环境和氛围，使施工得以顺利进行，保证施工质量。

（3）对施工作业环境因素的控制

施工作业环境因素主要是指施工现场的给水排水条件，各种能源介质供应，施工照明、通风、安全防护设施，施工场地空间条件和通道，以及交通运输和道路条件等因素。

要认真实施经过审批的施工组织设计和施工方案，落实保证措施，严格执行相关管理制度和施工纪律，保证上述环境条件良好，使施工得以顺利进行，更使其施工质量得到保证。

（四）工程质量控制的手段

1. 施工阶段质量控制点的设置

质量控制点是指为了保证工序质量而确定的重点控制对象、关键部位或薄弱环节。设置质量控制点是保证达到工序质量要求的必要前提，监理工程师在拟定质量控制工作计划时，应予以详细的考虑，并用制度来保证其落实。对于质量控制点，一般要事先分析可能造成质量问题的原因，再针对原因制定对策和措施以进行预控。

（1）质量控制点设置的原则

质量控制点设置的原则，是根据工程的重要程度，即质量特性值对整个工程质量的影响程度来确定的。为此，在设置质量控制点时，首先要对施工的工程对象进行全面分析、比较，以明确质量控制点；之后进一步分析所设置的质量控制点在施工中可能出现的质量问题或造成质量隐患的原因，针对隐患的原因，提出相应的对策、措施予以预防。由此可知，设置质量控制点，是对工程质量进行预控的有力措施。

质量控制点的涉及面较广，应根据工程特点，视其重要性、复杂性、精确性、质量标准和要求进行判定，可能是结构复杂的某一工程项目，也可能是技术要求高、施工难度大的某一结构构件或分项、分部工程，还可能是影响质量关键的某一环节中的某一工序或若干工序。总之，无论是操作、材料、机械设备、施工顺序、技术参数，还是自然条件、工程环境等，都可作为质量控制点来设置，主要是视其对质量特征影响的大小及危害程度而定的。

（2）质量控制点的设置部位

①重要的和关键性的施工环节和部位。

②质量不稳定、施工质量没有把握的施工工序和环节。

③施工技术难度大、施工条件困难的部位或环节。

④质量标准或质量精度要求高的施工内容和项目。

⑤对后续施工或后续工序质量或安全有重要影响的施工工序或部位。

⑥采用新技术、新工艺、新材料施工的部位或环节。

（3）质量控制点的实施要点

①将控制点的"控制措施设计"向操作班组进行认真交底，必须使工人真正了解操作要点，这是保证"制造质量"，实现"以预防为主"思想的关键一环。

②质量控制人员在现场进行重点指导、检查、验收，对重要的质量控制点，质量管理人员应当进行旁站指导、检查和验收。

③工人按作业指导书进行认真操作，保证操作中每个环节的质量。

④按规定做好检查并认真记录检查结果，取得第一手数据。

⑤运用数理统计方法不断进行分析与改进（实施 PDCA 循环），直到质量控制点验收合格。

（4）见证点与停止点

①见证点。见证点是指重要性一般的质量控制点。在这种质量控制点施工之前，施工单位应提前（例如 24 小时之前）通知监理单位派监理人员在约定的时间到现场进行见证，对该质量控制点的施工进行监督和检查，并在见证表上详细记录该质量控制点所在的建筑部位、施工内容、数量、施工质量和工时，并签字作为凭证。如果在规定的时间内监理人员未能到达现场进行见证和监督，施工单位可以认为已取得监理单位的同意（默认），有权进

行该见证点的施工。

②停止点。停止点是指重要性较高、其质量无法通过施工以后的检验来得到证实的质量控制点。比如，无法依靠事后检验来证实其内在质量或无法事后把关的特殊工序或特殊过程。对于这种质量控制点，在施工之前施工单位应提前通知监理单位，并约定施工时间，由监理单位派出监理人员到现场进行监督控制，如果在约定的时间内监理人员未到现场进行监督和检查，则施工单位应停止该质量控制点的施工，并按合同规定，等待监理人员，或另行约定该质量控制点的施工时间。在实际工程实施质量控制时，通常是由工程承包单位在分项工程施工前制订施工计划时，就选定设置的质量控制点，并在相应的质量计划中再进一步明确哪些是见证点，哪些是停止点，施工单位应将该施工计划及质量计划提交监理工程师审批。如监理工程师对上述计划及见证点与停止点的设置有不同的意见，应书面通知施工单位，要求予以修改的话，修改后再上报监理工程师审批后执行。

2. 施工项目质量控制的手段

（1）检查检测手段

①日常性检查。日常性的检查是在现场施工过程中，质量控制人员（专业工长、质检员、技术人员）对操作人员进行操作情况及结果的检查和抽查，及时发现质量问题或质量隐患，以便及时进行控制。

②测量和检测。测量和检测是利用测量仪器和检测设备对建筑物水平与竖向轴线、标高、几何尺寸、方位进行控制，对建筑结构施工的有关砂浆或混凝土强度进行检测，严格控制工程质量，发现偏差及时纠正。

③试验及见证取样。各种材料及施工试验应符合相应规范和标准的要求，诸如原材料的性能，混凝土搅拌的配合比和计量，坍落度的检查和成品强度等物理力学性能及打桩的承载能力等，均须通过试验的手段进行控制。

④实行质量否决制度。质量检查人员和技术人员对施工中存在的问题，有权以口头或书面方式要求施工操作人员停工或者返工，纠正违章行为，责令不合格的产品推倒重做。

⑤按规定的工作程序控制。预检、隐检应有专人负责并按规定检查，作

出记录，第一次使用的配合比要进行开盘鉴定，混凝土浇筑应经申请和批准，完成的分项工程质量要进行实测实量的检验评定等。

⑥对使用安全与功能的项目实行竣工抽查检测。对于施工项目质量影响的因素，归纳起来主要有人、材料、机械、施工方法与环境五大方面的因素。

（2）成品保护及成品保护措施

在施工过程中，有些分项分部工程已经完成，其他工程还在施工；或者某些部位已经完成，然而其他部位正在施工。如果对成品不采取妥善的措施加以保护，就会造成损伤，影响质量。这样，不仅会增加修补的工作量，浪费工料，拖延工期；更严重的是有的损伤难以恢复到原样，可能成为永久性的缺陷。因此，做好成品保护，是一个关系到工程质量、降低工程成本、按期竣工的重要环节。

加强成品保护，首先要教育全体参建人员树立质量观念，对国家、人民负责，自觉爱护公物，尊重他人和自己的劳动成果，施工操作时要珍惜已完成的成品及部分完成的半成品。其次要合理安排施工顺序，采取行之有效的成品保护措施。

①施工顺序与成品保护。合理安排施工顺序，按正确的施工流程组织施工，是进行成品保护的有效途径之一。

②成品保护的措施。成品保护主要有护、包、盖、封四种措施。

护：护就是提前保护，以防止成品可能发生的损伤和污染。如为了防止清水墙面污染，在脚手架、安全网横杆、进料口四周以及临近水刷石墙面上，提前钉上塑料布或纸板；清水墙楼梯踏步采用护棱角铁上下连通固定；门口在推车易碰部位，在小车轴的高度钉上防护条或槽形盖铁；进出口台阶应垫砖或方木，搭脚手板过人；外檐水刷石大角或柱子要立板固定保护；门扇安装好后要加楔固定；等等。

包：包就是进行包裹，以防止成品被损伤或污染。如大理石或高级水磨石块柱子贴好后，应用立板包裹捆扎；楼梯扶手易污染变色，刷漆前应裹纸保护；铝合金门窗应用塑料布包扎；炉片、管道污染后不好清理，应包纸保护；电气开关、插座、灯具等设备也应包裹，防止喷浆时污染等。

盖：就是表面覆盖，防止堵塞、损伤。如预制水磨石、大理石楼梯应用木板、加气板等覆盖，以防操作人员踩踏和物体磕碰；水泥地面、现浇或预制水磨石地面，应铺干锯末保护；高级水磨石地面或大理石地面，应用苫布或棉毡覆盖；落水口、排水管安装好后要加覆盖，以防堵塞；散水交活后，为保水养护并防止磕碰，可盖一层土或沙子；其他需要防晒、防冻、保温养护的项目，也应采取适当的覆盖措施。

封：封就是局部封闭。如预制水磨石楼梯、水泥抹面楼梯施工后，应将楼梯口暂时封闭，待达到上人强度并采取保护措施后再开放；室内塑料墙纸、木地板油漆完成后，均应立即锁门；屋面防水做完后，应封闭上屋面的楼梯门或出入口；室内抹灰或者刷浆交活后，为调节室内温/湿度，应有专人开关外窗等。

总之，在工程项目施工中，必须充分重视成品保护工作。道理很简单，即使生产出来的产品是优质品、上等品，若保护不好，遭受损伤或污染，那也会成为次品、废品、不合格品。因此，成品保护，除合理安排施工顺序，采取有效的对策、措施外，还必须加强对成品保护工作的检查。

第二节 建筑工程施工质量验收

一、施工质量验收的依据

（一）工程施工承包合同

工程施工承包合同所规定的有关施工质量方面的条款，既是发包方所要求的施工质量目标，也是承包方对施工质量责任的明确承诺，理所当然成为施工质量验收的重要依据。

（二）工程施工图纸

由发包方确认并提供的工程施工图纸，以及按规定程序和手续实施变更的设计和施工变更图纸，是工程施工合同文件的组成部分，也是直接指导施工与进行施工质量验收的重要依据。

（三）工程施工质量验收统一标准（简称"统一标准"）

工程施工质量验收统一标准是国家标准，如由住房和城乡建设部、国家市场监督管理总局联合发布的《建筑工程施工质量验收统一标准》，规范全国建筑工程施工质量验收的基本规定、验收的划分、验收的标准及验收的组织和程序。根据我国现行的工程建设管理体制，国务院各工业交通部门负责对全国专业建设工程质量进行监督管理，因此，其相应的专业建设工程施工质量验收统一标准，是各专业工程建设施工质量验收的依据。

（四）专业工程施工质量验收规范（简称"验收规范"）

专业工程施工质量验收规范是在工程施工质量验收统一标准的指导下，结合专业工程特点和要求进行编制的，它是施工质量验收统一标准的进一步深化和具体化，作为专业工程施工质量验收的依据，"验收规范"和"统一标准"必须配合使用。

（五）建设法律法规、管理标准和技术标准

现行的建设法律法规、管理标准和相关的技术标准是制定施工质量验收"统一标准"和"验收规范"的依据，而且其中强调了相应的强制性条文。所以，也是组织和指导施工质量验收、评判工程质量责任行为的重要依据。

二、施工质量验收的层次

建筑工程项目往往体型较大，需要的材料种类和数量也较多，施工工序和工程项目多，如何使验收工作具有科学性、经济性及可操作性，合理确定验收层次十分必要，根据《建筑工程施工质量验收统一标准》的规定，一般将工程项目按照独立使用功能划分为若干单位（子单位）工程；每一个单位工程按照专业、建筑部位划分为地基基础、主体等若干个分部工程；每一个分部工程按照主要工种、材料、施工工艺、设备类别划分为若干个分项工程；每一个分项工程按照楼层、施工段、变形缝等划分为若干检验批。

上述过程逆向就构成了工程施工质量验收层次，即检验批、分项工程、分部（子分部）工程、单位（子单位）工程四个验收层次，其中检验批是工程验收的最小单位，是分项工程乃至整个建筑工程质量验收的基础，此外，建筑工程采用的主要材料、半成品、成品、建筑构配件、器具和设备应进行现场验收；隐蔽工程要求在隐蔽前由施工单位通知相关单位进行隐蔽工程验收。

单位（子单位）工程质量验收即为该项目的竣工验收，是项目建设程序的最后一个环节，是全面考核项目建设成果、检查设计与施工质量、确认项目是否投入使用的重要步骤。

三、建筑工程质量验收的程序和组织

（一）检验批及分项工程的验收程序和组织

检验批及分项工程应由监理工程师（建设单位项目技术负责人）组织施工单位项目专业质量（技术）负责人等进行验收。

验收前，施工单位先填好检验批和分项工程的验收记录表（有关监理记录和结论不填），并由项目专业质量检验员和项目专业技术负责人分别在检验批和分项工程质量检验记录的相关栏目中签字，然后由监理工程师组织，严格按规定程序进行验收。

（二）分部工程的验收程序和组织

分部工程应由总监理工程师（建设单位项目负责人）组织施工单位项目负责人和技术、质量负责人等进行验收，由于地基基础、主体结构技术性能要求严格，技术性强，关系到整个工程的安全，所以，地基与基础、主体结构分部工程的验收由勘察、设计单位工程项目负责人和施工单位技术、质量部门负责人参加相关分部工程验收。

（三）单位工程质量验收程序与组织

1. 工程预验收

①单位（子单位）工程完工后，施工单位首先应依据施工合同、质量标准、设计图纸等组织有关人员进行自检并对检查结果进行评定，符合要求的单位（子单位）工程可填写单位工程竣工验收报审表，以及质量竣工验收记录、质量控制资料核查记录、安全和功能检验资料核查及观感质量检查记录

等资料，并将单位工程竣工验收报审表及有关竣工资料报送项目监理机构申请工程预验收。

②项目监理机构收到预验收申请后，总监理工程师应组织各专业监理工程师审查施工单位提交的单位工程竣工验收报审表以及其他有关竣工资料，并对工程质量进行竣工预验收，存在质量问题时，应由施工单位及时整改，整改合格后总监理工程师签认单位工程竣工验收报审表及有关资料。

③单位工程竣工资料应提前报请城建档案馆验收并获得预验收许可。

2. 竣工验收

①施工单位向建设单位提交工程竣工验收报告和完整的工程资料，申请工程竣工验收。

②建设单位收到施工单位提交的工程竣工报告后，当由建设单位项目负责人组织监理、设计、施工、勘察等单位项目负责人进行单位（子单位）工程验收。

③在整个单位工程进行验收时，已验收的子单位工程的验收资料应作为单位工程验收的附件。

④单位工程中的分包工程完工后，分包单位应对所承包的工程项目进行自检并按验收统一标准的程序进行验收，验收时，总包单位应派人参加，分包单位应当将所分包工程的质量控制资料整理完整，并移交给总包单位，在竣工验收时，分包单位负责人也应当参加验收。

⑤当参建各方验收意见一致时，验收人员应分别在单位工程质量验收记录表上签字确认，当参建各方对工程质量验收意见不一致时，可以请当地建设行政主管部门或工程质量监督机构（也可以是其委托的部门、单位或各方认可的咨询单位）协调处理。

⑥单位工程质量验收合格后，建设单位应在规定时间内将工程竣工验收报告和竣工资料报县级以上人民政府建设行政主管部门或者其他有关部门备案。

第三节 建筑工程质量事故的处理

一、建筑工程质量事故概述

"百年大计，质量第一"是建筑工程行业的一贯方针。然而，因为影响建筑产品质量的因素繁多，在施工过程中稍有不慎，就极易引起系统性因素的质量变异，从而产生质量问题、质量事故。因此，必须采取有效措施，对常见的质量问题和事故事先加以预防，并对已经出现的质量事故及时进行分析与处理。

（一）建筑工程质量事故的特点

确定建筑工程质量的优劣，可从设计和施工两方面考虑。我国《建筑结构设计统一标准》规定，建筑的结构必须满足下列各项功能的要求：

①能承受在正常施工及正常使用时可能出现的各种问题；

②在正常使用时具有良好的工作性能；

③在正常维护下具有足够的耐久性能；

④在偶然事件发生时及发生后，仍能保持必需的整体稳定性。

"缺陷"指建筑工程中经常发生的和普遍存在的一些工程质量问题，工程质量缺陷不同于质量事故，但是质量事故开始时往往表现为一般质量缺陷而易被忽视。根据我国有关质量、质量管理和质量保证方面的国家标准的定义，凡工程产品质量没有满足某个规定的要求，就称之为质量不合格；然而没有满足某个预期的使用要求或合理的期望（包括与安全性有关的要求），则称之为质量缺陷，在建设工程中通常所称的工程质量缺陷，一般是指房屋建筑工程的质量不符合国家工程建设强制性标准或行业现行有关技术标准、设计文件及合同中对质量的要求。随着建筑物的使用或时间的推移，质量缺陷逐渐发展，就有可能演变为事故，待认识到问题的严重性时，则往往处理困难或无法补救。因此，对质量缺陷均应认真分析，找出原因，进行必要的处理。

工程质量事故，是指由于建设、勘察、设计、施工、监理等单位违反工程质量有关的法律法规和工程建设标准，使工程产生结构安全、重要使用功能等方面的质量缺陷。

这种由工程质量不合格和质量缺陷而造成或引发经济损失、工期延误或危及人的生命和社会正常秩序的事件，称为工程质量事故。

建筑工程项目的建设，具有综合性、可变性、多发性等特点，导致建筑工程质量事故更具有复杂性、严重性、可变性、多发性特点。

（二）工程质量问题的分类

工程质量问题一般分为工程质量不合格、工程质量缺陷、工程质量通病与工程质量事故四种：

①工程质量不合格是指工程质量未满足设计、规范、标准的要求；

②工程质量缺陷是指各类影响工程结构、使用功能和外形观感的常见性质量损伤；

③工程质量通病是指建筑工程中经常发生的、普遍存在的工程质量问题；

④工程质量事故是指凡是工程质量不合格必须进行返修、加固或者报废处理，由此造成直接经济损失在 5000 元（含 5000 元）以上的。

（三）建筑工程质量事故的分类

建设工程质量事故的分类方法有多种，既可按造成损失的严重程度划分，又可按其产生的原因划分，也可按其造成的后果或事故责任区分。各部门、各专业工程，甚至各地区在不同时期界定和划分质量事故的标准尺度也不一样。

1. 按事故发生的时间分类

①施工过程中发生的质量事故；

②使用过程中发生的质量事故；

③改建扩建中发生的质量事故。

从国内外大量的统计资料分析，绝大多数质量事故都发生在施工阶段到交工验收前这段时间内。

2. 按事故损失的严重程度划分

(1) 一般质量事故

凡具备下列条件之一者即一般质量事故：

①直接经济损失在5000元（含5000元）以上，不满50000元的；

②影响使用功能和工程结构安全，造成永久质量缺陷的。

(2) 严重质量事故

凡具备下列条件之一者为严重质量事故：

①直接经济损失在5万元（含5万元）以上，不满10万元的；

②严重影响使用功能或工程结构安全，存在重大质量隐患的；

③事故性质恶劣或造成2人以下重伤的。

(3) 重大质量事故

凡具备下列条件之一者为重大质量事故，属于建设工程重大事故范畴：

①工程倒塌或报废；

②由于质量事故，造成人员死亡或重伤3人以上；

③直接经济损失10万元以上。

按国家建设行政主管部门规定建设工程重大事故分为四个等级。工程建设过程中或由于勘察设计、监理、施工等过失造成工程质量低劣，而在交付使用后发生的重大质量事故，或因工程质量达不到合格标准，而须加固补强、返工或报废，直接经济损失10万元以上的重大质量事故。另外，由于施工安全问题，如施工脚手、平台倒塌、机械倾覆、触电、火灾等造成建设工程重大事故。建设工程重大事故分为以下四级：

a. 凡造成死亡30人以上或直接经济损失300万元以上为一级；

b. 凡造成死亡10人以上29人以下或直接经济损失100万元以上，不满300万元为二级；

c. 凡造成死亡3人以上，9人以下或重伤20人以上或直接经济损失30万元以上，不满100万元为三级；

d. 凡造成死亡2人以下，或重伤3人以上，19人以下或者直接经济损失10万元以上，不满30万元为四级。

（4）特别重大事故

凡具备国务院发布的《特别重大事故调查程序暂行规定》所列发生一次死亡30人及其以上，或直接经济损失达500万元及其以上，或其他性质特别严重，上述影响三个之一均属特别重大事故。

3. 按事故性质分类

①倒塌事故：建筑物整体或局部倒塌。

②开裂事故：砌体或混凝土结构出现裂缝。

③错位偏差事故：结构构件尺寸、位置偏差过大；预埋件、预留洞等错位偏差超过规定等。

④地基工程事故：地基失稳或变形，斜坡失稳等。

⑤基础工程事故：基础错位、变形过大，设备基础振动过大等。

⑥结构或构件承载力不足事故：混凝土结构中漏放或少放钢筋；钢结构中构件连接达不到设计要求等。

⑦建筑功能事故：房屋漏水、渗水，隔热或隔声功能达不到设计要求，装饰工程质量达不到标准等。

⑧其他事故：塌方、滑坡、火灾等事故。

⑨自然灾害事故：地震、风灾、水灾等事故。

4. 按事故造成的后果分类

（1）未遂事故

及时发现质量问题，经及时采取措施，未造成经济损失、延误工期或其他不良后果者，均属未遂事故。

（2）已遂事故

凡出现不符合质量标准或设计要求，造成经济损失、延误工期或其它不良后果者，全构成已遂事故。

5. 按事故责任分类

（1）指导责任事故

由于在工程中实施指导或领导失误而造成的质量事故。比如，由于工程负责人片面追求施工进度，放松或不按质量标准进行控制和检验，降低施工质量标准等。

（2）操作责任事故

指在施工过程中，由于实施操作者不按规程和标准实施操作而造成的质量事故。例如，浇筑混凝土时随意加水；混凝土拌合料产生了离析现象仍浇筑入模；压实土方含水量以及压实遍数未按要求控制操作等。

6. 按事故发生原因分类

（1）技术原因引发的质量事故

指在工程项目实施中由于设计、施工在技术上的失误而造成的事故。例如，结构设计计算错误，地质情况估计错误，采用了不适宜的施工方法或施工工艺，等等。

（2）管理原因引发的质量事故

主要指管理上的不完善或失误引发的质量事故。例如，施工单位或监理方的质量体系不完善；检验制度不严密；质量控制不严格；质量管理措施落实不力；检测仪器设备管理不善而失准，进场材料检验不严等原因引起的质量事故。

（3）社会、经济原因引发的质量事故

主要指由于社会、经济因素及在社会上存在的弊端和不正之风引起建设中的错误行为，而导致出现质量事故，例如，某些施工企业盲目追求利润而置工程质量于不顾，在建筑市场上随意压价投标，中标后则依靠违法手段或修改方案追加工程款，或偷工减料，或层层转包，凡此种种，这些因素经常是导致重大工程质量事故的主要原因，应当给予充分重视。

二、建筑工程质量事故成因

（一）建筑工程质量事故的一般原因

由于建筑工程工期较长，所用材料品种繁杂；在施工过程中，受社会环境和自然条件方面异常因素的影响；使产生的工程质量问题表现形式千差万别，类型多种多样。这使得引起工程质量问题的成因也错综复杂，往往一项质量问题是多种原因引起，如经济的、社会的和技术的原因等。虽然每次发生质量问题的类型各不相同，但是通过对大量质量问题的调查与分析发现，其发生的原因有不少相同或相似之处，归纳其最基本的因素主要包括：

1. 违背基本建设程序

基本建设程序是工程项目建设活动规律的客观反映，是我国经济建设经验的总结。《建设工程质量管理条例》明确指出：从事建设工程活动，必须严格执行基本建设程序，坚持先勘察、后设计、再施工的原则。县级以上人民政府及其有关部门不得超越权限审批建设项目或者擅自简化基本建设程序。但是，在具体的建设过程中，违反基本建设程序的现象却屡禁不止，比如"七无"工程：无立项、无报建、无开工许可、无招投标、无资质、无监理、无验收；"三边"工程：边勘察、边设计、边施工。

2. 违反法规行为

违反法规是指无证设计，无证施工，越级设计，越级施工，工程招、投标中的不公平竞争，超常的低价中标，非法分包、转包、挂靠，擅自修改设计，等等行为。

3. 工程地质勘察失误或地基处理失误

指没有认真进行地质勘察或地质勘察过程中钻孔间距太大，不能反映实际地质情况，勘察报告不准确、不详细，未能查明诸如孔洞、墓穴、软弱土层等地层特征，致使在进行地基基础设计时采用不正确的方案，造成地基不均匀沉降、结构失稳、上部结构开裂甚至倒塌。

4. 设计问题

设计问题是指盲目套用图纸，结构方案不正确，计算简图与实际结构受力不符；荷载或内力分析计算有误；忽视构造要求，沉降缝、伸缩缝设置不符合要求；有些结构的抗倾覆、抗滑移未做验算；有的盲目套用图纸，这些是导致工程事故的直接原因。

5. 施工及使用过程中的问题

施工管理人员及技术人员的素质差是造成工程质量事故的又一主要原因。主要表现在：

①缺乏基本的业务知识，不具备上岗操作的技术资质，盲目蛮干。

②不按照图纸施工，不遵守会审纪要、设计变更及其他技术核定制度和管理制度，主观臆断。如不按图纸施工，将铆接做成刚接，将简支梁做成连续梁，导致结构破坏；挡土墙不按图设滤水层、排水孔，导致压力增大，墙体破坏或倾覆；不按有关施工规范和操作规程施工，浇筑混凝土时振捣不良，产生薄弱部位；砖砌体砌筑上下通缝，灰浆不饱满等均能导致砖墙或砖柱破坏。

③施工管理混乱，施工组织、施工工艺技术措施不当，违章作业。不熟悉图纸，盲目施工；施工方案考虑不周，施工顺序颠倒；图纸未经会审，仓促施工；技术交底不清，违章作业；不重视质量检查以及验收工作，一味赶进度，赶工期。

④建筑材料及制品质量低劣，使用不合格的工程材料、半成品、构件等，必然会导致质量事故的发生。

例如，钢筋物理力学性能不良会导致钢筋混凝土结构产生裂缝；骨料中活性氧化硅会导致碱骨料反应使混凝土产生裂缝；水泥安定性不合格会造成混凝土爆裂；水泥受潮、过期、结块，砂石含泥量及有害物含量超标，外加剂掺量等不符合要求时，会影响混凝土强度、和易性、密实性、抗渗性，从而导致混凝土结构强度不足、裂缝、渗漏等质量问题。此外，预制构件截面尺寸不足，支承锚固长度不足，未可靠地建立预应力值，漏放或少放钢筋，板面开裂等均可能出现断裂、坍塌。变配电设备质量缺陷导致自燃或火灾，电梯质量不合格危及人身安全，均可造成工程质量问题。

⑤施工中忽视结构理论问题，如：不严格控制施工荷载，造成构件超载开裂；不控制砌体结构的自由高度（高厚比），造成砌体在施工过程中失稳破坏；模板和支架、脚手架设置不当发生破坏；等等。

6. 自然条件影响

建筑施工露天作业多，受自然因素影响大，空气温度、湿度、暴雨、大风、洪水、雷电、日晒和浪潮等均可能成为质量问题的原因。

7. 建筑物使用不当

有些建筑物在使用过程中，需要改变其使用功能，增大使用荷载；或者需要增加使用面积，在原有建筑物上部增层改造；任意拆除承重结构部位；或者随意凿墙开洞，削弱承重结构的截面面积等，这些均超出了原设计规定，埋下了工程事故的隐患。

（二）建筑工程质量事故的成因分析

由于影响工程质量的因素众多，一个工程质量问题的实际发生，既可能因设计计算和施工图纸中存在错误，也可能因施工中出现不合格或质量问题，也可能因使用不当，或者由于设计、施工甚至使用、管理、社会体制等多种原因的复合作用。要分析究竟是哪种原因引起的，必须对质量问题的特征表现，以及其在施工中和使用中所处的实际情况和条件进行具体分析。分析方法很多，但是其基本步骤和要领包括：

1. 基本步骤

①进行细致的现场调查研究，观察记录全部实况，充分了解与掌握引发质量问题的现象和特征。

②收集调查与质量问题有关的全部设计和施工资料，分析摸清工程在施工或使用过程中所处的环境及面临的各种条件和情况。

③找出可能产生质量问题的所有因素。

④分析、比较和判断，找出最可能造成质量问题的原因。

⑤进行必要的计算分析或模拟试验予以论证确认。

2. 分析要领

①确定质量问题的初始点，即所谓原点，它是一系列独立原因集合起来形成的爆发点。

测其反映出质量问题的直接原因，在分析过程中具有关键作用。

②围绕原点对现场各种现象和特征进行分析，区别导致同类质量问题的不同原因，逐步揭示质量问题萌生、发展和最终形成的过程。

③综合考虑原因复杂性，确定诱发质量问题的起源点即真正原因。工程质量问题原因分析是对一堆模糊不清的事物和现象客观属性和联系的反映，它的准确性和监理工程师的能力学识、经验和态度有极大的关系，其结果不单是简单的信息描述，而是逻辑推理的产物，其推理可用于工程质量的事前控制。

三、建筑工程质量事故处理

(一) 建筑工程质量事故处理的主要任务

这里所述的质量事故处理，一般情况下包括以下两方面内容：一是事故部分或不合格品的位置，诸如：返工重做、返修、加固补强等；二是防止事故再发生而采取的纠正和预防措施。

事故处理的主要任务包括以下七项：

1. 创造正常施工条件

国内外大量统计资料表明，工程质量事故大多数发生在施工期，并且事故往往会影响施工的正常进行，只有及时、正确地处理事故，才能创造正常的施工条件。

2. 确保建筑物安全

对结构裂缝、变形等明显的质量缺陷，必须作出正确的分析、鉴定，估计可能出现的发展变化及其危害性，并作适当处理，以确保结构安全。对结构构件中的隐患，如混凝土或砂浆强度不足，构件中漏放钢筋或者钢筋严重错位等事故，都需要从设计、施工等方面进行周密的分析和必要的计算，并采用适当的处理措施，排除这些隐患，保证建筑物的安全使用。

3. 满足使用要求

建筑物尺寸、位置、净空、标高等方面的过大误差事故；隔热保温、隔声、防水、防火等建筑功能事故；以及损害建筑物外观的装饰工程事故等，均可能影响生产或使用要求，所以必须进行适当的处理。

4. 保证建筑物具有一定的耐久性

有些质量事故虽然在短期内不会影响使用和安全，但可能降低耐久性。如混凝土构件中受拉区较宽的裂缝；混凝土密实性差；钢构件防锈质量不良等，均可能减少建筑物的使用年限，也应做适当处理。

5. 防止事故恶化，减少损失

由于不少质量事故会随时间和外界条件而变化，须及时采取措施，避免事故不断扩大而造成不应有的损失。例如，持续发展的过大的地基不均匀沉降，混凝土和砌体受压区中宽度不大的裂缝等均应及时处理，防止发展成倒塌而造成人身伤亡事故。

6. 有利于工程交工验收

施工中发生的质量事故，必须在后续工程施工前，对事故原因、危害、是否处理和怎样处理等问题作出必要的结论，并应使有关方面达成共识，避免到工程交工验收时，发生不必要的争议而延误工程的使用。

7. 防止事故再发生

防止同类事故或类似事故的再次发生而采取必要的纠正措施和预防措施。针对实际存在的事故原因而采取相应的技术组织措施，称其为纠正措施。例如，沉桩设备功率太小，导致沉桩达不到设计要求，应采用更换设备的纠正措施。利用适当的信息来源，调查分析潜在的事故原因，并采取相应的技术组织措施，称为预防措施，例如从钢材市场情况获悉，钢筋不合格品比例不小，应相应采取加强原材料采购质量控制等措施，防止不合格材料进场，同样能有效防止事故的再发生。因此采取必要的纠正和预防措施，可以从根本上消除事故再发生。

（二）建筑工程质量事故处理的原则和要求

1. 建筑工程质量事故处理必须具备的条件

（1）事故情况清楚

一般包括事故发生时间，事故情况描述，并附有必要的图纸与说明，事故观测记录和发展变化规律等。

（2）事故性质明确

主要应明确区分以下三个问题：

①是结构性的还是一般性的问题。如建筑物裂缝是由于承载力不足引起的，还是由于地基不均匀沉降或温、湿度变形而造成的；又比如构件产生过大的变形，是因结构刚度不足，还是施工缺陷所造成的，等等。

②是表面性的还是实质性的问题。如混凝土表面出现蜂窝麻面，就需要查清内部有无孔洞；又如结构裂缝，需要查清裂缝深度，对钢筋混凝土结构，还要查明钢筋锈蚀情况等。

③区分事故处理的迫切程度。如事故不及时处理，建筑物会不会突然倒塌？是否需要采取防护措施，以免事故扩大恶化等。

(3) 事故原因分析准确、全面

如地基承载能力不足而造成事故，应该查清是地基土质不良，还是地下水位改变，或者出现侵蚀性环境；是原地质勘察报告不准，还是发现新的地质构造，或者是施工工艺或组织管理不善而造成的，等等。又如结构或构件承载力不足，是设计截面太小，还是施工质量低劣，或是超载等。

(4) 事故评价基本一致

对发生事故部分的建筑结构质量进行评估，主要包括建筑功能、结构安全、使用要求以及对施工的影响等评价。

(5) 处理目的、要求明确

常见的处理目的要求有：恢复外观；防渗堵漏；封闭保护；复位纠偏；减少荷载；结构补强；限制使用；拆除重建等。事故处理前，有关单位对处理的要求应基本统一，避免事后无法作出一致的结论。

(6) 事故处理所需资料齐全

包括有关施工图纸、施工原始资料（材料质量证明、各种施工记录、试验报告、检查验收记录等）、事故调查报告、有关单位对事故处理的意见和要求等。

2. 建筑工程质量事故处理的一般原则

①正确确定事故性质。这是事故处理的先决条件。

②正确确定处理范围。除了事故直接发生部位（如局部倒塌区）外，还应检查事故对相邻结构的影响，正确确定处理范围。

③满足处理的基本要求。事故处理应达到以下五项基本要求：安全可靠，不留隐患；满足使用或生产要求；经济合理；材料、设备和技术条件满足需要；施工方便、安全。

④选好处理方案和时间。根据事故原因和处理目的，正确选用处理方案和时间。

⑤制定措施。制定有效、可行的纠正措施与预防措施。

3. 事故不需要做专门处理的条件

工程质量缺陷虽已超出标准规范的规定而构成事故，但可以针对工程的具体情况，通过分析论证，从而作出不需要专门处理的结论。常见的有以下几种情况：

（1）不影响结构安全和正常使用

例如，有的建筑物错位事故，如要纠正，困难很大或将造成重大损失，经过全面分析论证，只要不影响生产工艺和正常使用，可以不做处理。

（2）施工质量检验存在问题

例如，有的混凝土结构检验强度不足，往往因为试块制作、养护、管理不善，其试验结果并不能真实地反映结构混凝土质量，在采用非破损检验等方法测定其实际强度已达到设计要求时，可不作处理。

（3）不影响后续工程施工和结构安全

例如，后张法预应力屋架下弦产生少量细裂缝、小孔洞等局部缺陷，只要经过分析验算证明，施工中不会发生问题，就可继续施工。因为一般情况下，下弦混凝土截面中的施工应力大于正常的使用应力，只要通过施工的实际考验，使用时便不会发生问题，因此不需要专门处理，仅仅须做表面修补。

（4）利用后期强度

有的混凝土强度虽未达到设计要求，但相差不多，同时短期内不会满荷载（包括施工荷载），此时可考虑利用混凝土后期强度，只要使用前达到设计强度，也可不做处理，但应严格控制施工荷载。

（5）通过对原设计进行验算可以满足使用要求

基础或结构构件截面尺寸不足，或材料力学性能达不到设计要求而影响结构承载能力，可以根据实测数据、结合设计的要求进行验算，如仍能满足使用要求，并经设计单位同意后，可不作处理。但应指出：这是在挖设计潜力，因此需要特别慎重。

最后要强调指出：不论哪种情况，事故虽然可以不处理，但是仍然需要征得设计等有关单位的同意，并备好必要的书面文件，经有关单位签证后，供交工和使用参考。

（三）建筑工程质量事故处理的程序

1. 事故调查

事故调查包括事故情况与性质；涉及工程勘察、设计、施工各部门；并与使用条件和周边环境等各个方面有关。一般可分为初步调查、详细调查与补充调查。

初步调查：主要针对工程事故情况、设计文件、施工内业资料、使用情况等方面，进行调查分析，根据初步调查结果，判别事故的危害程度，确定是否需采取临时支护措施，以确保人民生命财产安全，并对事故处理提出初步处理意见。

详细调查：是在初步调查的基础上，认为有必要时，进一步对设计文件进行计算复核与审查，对施工进行检测确定是否符合设计文件要求，以及对建筑物进行专项观测与测量。如设计情况、地基及基础情况、结构实际情况、荷载情况、建筑物变形观测、裂缝观测等。

补充调查：是在已有调查资料还不能满足工程事故分析处理时，须增加的项目，一般须做某些结构试验与补充测试，如工程地质补充勘察，结构、材料的性能补充检测，载荷试验、建筑物内部缺陷的检查；较长时期的观测等。

住房和城乡建设主管部门应当按照有关人民政府的授权或委托，组织或者参与事故调查组对事故进行调查，并履行下列职责：

①核实事故基本情况，包括事故发生的经过、人员伤亡情况及直接经济损失；

②核查事故项目基本情况，包括项目履行法定建设程序情况、工程各参建单位履行职责的情况；

③依据国家有关法律法规和工程建设标准分析事故的直接原因和间接原因，必要时组织对事故项目进行检测鉴定和专家技术论证／

④认定事故的性质和事故责任；

⑤依照国家有关法律法规提出对事故责任单位和责任人员的处理建议；

⑥总结事故教训，提出防范和整改措施；

⑦提交事故调查报告。

2. 事故原因分析

在事故调查的基础上，对事故的性质、类别、危害程度以及发生的原因进行分析，为事故处理提供必需的依据。进行原因分析时，往往会存在多样性和综合性的特征，要正确区别同类事故的各种不同原因，通过详细的计算与分析、鉴别找到事故发生的主要原因。在综合原因分析中，除确定事故的主要原因外，应正确评估相关原因对工程质量事故的影响，以便能采取切实有效的综合加固修复方法。

①确定事故原点：事故原点的状况往往反映出事故的直接原因。

②正确区别同类型事故的不同原因：根据调查情况，对事故进行认真、全面的分析，找出事故的根本原因。

③注意事故原因的综合性要全面估计各类因素对事故的影响，以便采取综合治理措施。

常见的质量事故原因有以下几类：违反基本建设程序，无证设计，违章施工；地基承载能力不足或地基变形过大；材料性能不良，构件制品质量不合格；设计构造不当，结构计算错误；不按设计图纸施工，随意改变设计；不按规范要求施工，操作质量低劣；施工管理混乱，施工顺序错误；施工或使用荷载超过设计规定，楼面堆载过大；温度、湿度等环境影响，酸、碱、盐等化学腐蚀；其他外因作用，如大风、爆炸、地震等。

3. 事故调查报告

①事故项目及各参建单位概况。

②事故发生经过和事故救援情况。

③事故造成的人员伤亡和直接经济损失。

④事故项目有关质量检测报告和技术分析报告。

⑤事故发生的原因和事故性质。

⑥事故责任的认定和事故责任者的处理建议。

⑦事故防范和整改措施。

事故调查报告应当附具有关证据材料。事故调查组成员应当在事故调查报告上签名。

4. 结构可靠性鉴定

根据事故调查取得的资料，对结构的安全性、适用性和耐久性进行科学的评定，为事故的处理决策确定方向。可靠性鉴定一般由专门从事建筑物鉴定的机构作出。

5. 确定处理方案

根据事故调查报告、实地勘察结果和事故性质以及用户的要求确定优化方案。事故处理方案的制定，应以事故原因分析为基础，如果某些事故一时认识不清，而且一时不致产生严重的恶化，可以继续进行调查、观测，以便掌握更充分的资料数据，做进一步分析，找出原因，以利制定处理方案；切勿急于求成，不能对症下药，采取的处理措施不能达到预期效果，造成重复处理的不良后果。

制定的事故处理方案，应体现安全可靠，不留隐患，满足建筑物的功能和使用要求，技术可行、经济合理等原则。如果各方一致认为质量缺陷不须专门处理，必须经过充分的分析和论证。

6. 事故处理设计

①按照有关设计规范的规定进行。

②考虑施工的可行性。

③重视结构环境的不良影响，防止事故再次发生。

7. 事故处理施工

发生的质量事故，不论是否是由于施工承包单位方面的责任原因造成的，质量事故的处理通常都是由施工承包单位负责实施。施工应严格按照设计要求和有关标准、规范的规定进行，并应注意以下事项：把好材料质量关；复查事故实际状况；做好施工组织设计；加强施工检查；确保施工安全。

8. 工程验收和处理效果检验

在质量事故处理完毕后，对处理的结果应该根据规范规定和设计要求进行检查验收,评定处理结果是否符合设计要求。

9. 事故处理结论

①事故已排除,可继续施工。

②隐患已消除,结构安全有保证。

③经修补、处理后,完全能满足使用要求。

④基本上满足使用要求,但是使用时应有附加限制条件,例如限制荷载等。

⑤对耐久性的结论。

⑥对建筑物外观影响的结论。

⑦对短期难以作出结论的,可提出进一步观测检验的意见。

(四) 建筑工程质量事故处理方法

事故处理方法,应当正确地分析和判断事故产生的原因,通常可以根据质量问题的情况,确定以下几种不同性质的处理方法:

1. 返工处理

即推倒重来,重新施工或更换零部件,自检合格后重新进行检查验收。当工程质量未达到规定的标准和要求,存在着严重质量问题,对结构的使用与安全构成重大影响,且又无法通过修补处理的情况下,可对检验批、分项、分部甚至整个工程作返工处理。例如,某防洪堤坝填筑压实后,其压实土的干密度未达到规定值,经核算将影响土体的稳定且不满足抗渗能力要求,可挖除不合格土,重新填筑,进行返工处理。

2. 修补处理

即经过适当的加固补强、修复缺陷,自检合格后重新进行检查验收。这是最常用的一类处理方案,通常当工程的某个检验批、分项或分部的质量虽未达到规定的规范、标准或设计要求,存在一定缺陷,但通过修补或更换器具、设备后还可达到要求的标准,又不影响使用功能和外观要求,在此情况下,可以进行修补处理。属于修补处理这类的具体方案很多,诸如封闭保护、复位纠偏、结构补强、表面处理等。某些事故造成的结构混凝土表面裂缝,可根据其受力情况,仅作表面封闭保护。某些混凝土结构表面的蜂窝、麻面，经调查分析，可进行剔凿、抹灰等表面处理，一般不会影响其使用和外观。对较严重的质量问题，可能影响结构的安全性和使用功能，必须按一定的技术方案进行加固补强处理，这样往往会造成一些永久性缺陷，如改变结构外形尺寸，影响一些次要的使用功能等。

3. 让步处理

即对质量不合格的施工结果，经设计人的核验，虽没达到设计的质量标准，却尚不影响结构安全和使用功能，经业主同意后可予验收。例如，某些隐蔽部位结构混凝土表面裂缝，经检查分析，属于表面养护不够的干缩微裂，不影响使用及外观，可作让步处理。

4. 降级处理

如对已完工部位，因轴线、标高引测差错而改变设计平面尺寸，且严重超过规范标准规定，若要纠正会造成重大经济损失，若经过分析、论证其偏差不影响生产工艺和正常使用，在外观上也无明显影响的，经承发包双方协商验收。

5. 不做处理

有些轻微的工程质量问题，虽超过了有关规范规定，已具有质量事故的性质，但可针对具体情况通过有关各方分析讨论，认定可不须专门处理。如面积小、点数多、程度轻的混凝土蜂窝麻面、露筋等在施工规范允许范围内的缺陷，可通过后续工序进行修复。

第五章 建筑工程施工项目风险管理

第一节 建筑工程施工项目风险管理基础

一、风险的相关理论概述

（一）风险的定义

风险是主体在决策活动过程中，由于客观事件的不确定性引起的，可被主体感知的与期望目标或利益的偏离。这种偏离有大小、程度以及正负之分，即风险的可能性、后果的严重程度、损失或收益。

从以上风险定义不难看出，风险与不确定性有着密切的关系。严格来说，风险和不确定性是有区别的。风险是可测定的不确定性，是指事前可以知道所有可能的后果以及每种后果的概率。而不可测定的不确定性才是真正意义上的不确定性，是事前不知道所有可能后果，或者虽知道可能后果但不知道它们出现的概率。但是，在面对实际问题时，两者很难区分，并且区分不确定性和风险几乎没有实际意义，因为实际中对事件发生的概率是不可能真正确定的。而且，由于萨维奇"主观概率"的引入，那些不易通过频率统计进行概率估计的不确定事件，也可采用服从某个主观概率的方法表述，即利用分析者的经验及直觉等主观判定方法，给出不确定事件的概率分布。因此，在实务领域对风险和不确定性不作区分，都视为"风险"，而且概率分析方法成为了最重要的手段。

（二）风险的特征

风险的特征是风险的本质及其发生规律的表现，根据风险定义可以得出如下风险特征：

1. 客观性与主观性

一方面，风险是由事物本身客观性质具有的不确定性引起的，具有客观性；另一方面，风险必须被面对它的主体所感知，具有一定的主观性。因为，客观上由事物性质决定而存在着不确定性引起的风险，只要面对它的主体没有感知到，那也不能称其为对主体而言的风险，只能是一种作为客观存在的风险。

2. 双重性

风险损失与收益是相辅相成的。也就是说，决策者之所以愿意承担风险，是因为风险有时不仅不会产生损失，如果管理有效，风险可以转化为收益。风险越大，收益可能就会越多。从投资的角度看，正是因为风险具有双重性，才促使投资者进行风险投资。

3. 相对性

主体的地位和拥有资源的不同，对风险的态度和能够承担的风险就会有差异，拥有的资源越多，所承担风险的能力就越大。另外，相对于不同的主体，风险的含义就会大相径庭，例如汇率风险，对有国际贸易业务的企业和纯粹国内业务的企业而言是有很大差别的。

4. 潜在性和可变性

风险的客观存在并不是说风险是实时发生的，它的不确定性决定了它的发生仅是一种可能，这种可能变成实际还是有条件的，这就是风险的潜在性。随着项目或活动的展开，原有风险结构会改变，风险后果会变化，新的风险会出现，这是风险的可变性。

5. 不确定性和可测性

不确定性是风险的本质，形成风险的核心要素就是决策后果的不确定性。这种不确定性并不是指对事物的变化全然不知，人们可以根据统计资料或主观判断对风险发生的概率及其造成的损失程度进行分析，风险的这种可测性是风险分析的理论基础。

6. 隶属性

所谓风险的隶属性，是指所有风险都有其明确的行为主体，而且还必须与某一目标明确的行动有关。也就是说，所有风险都包含在行为人所采取的行动过程中。

（三）风险的因素与分类

1. 风险的因素

导致风险事故发生的潜在原因，也就是造成损失的内在原因或者间接原因就是风险因素。它是指引起或者增加损失频率和损失程度的条件。一般情况下风险因素可以分为以下三个：

①实质风险因素，指对某一标的物增加风险发生机会或者导致严重损伤和伤亡的客观自然原因，强调的是标的物的客观存在性，不以人的意志为转移。比如，大雾天气是引起交通事故的风险因素，地面断层是导致地震的风险因素。

②心理风险因素，指由于心理原因引起行为上的疏忽和过失，从而成为风险的发生原因，此风险因素强调的是疏忽、大意，以及过失。比如，某些工厂随意倾倒污水导致水污染。

③道德风险因素，指人们的故意行为或者不作为。这种风险因素主要强调的是一种故意行为。比如，故意不履行合约引起经济损失。

2. 风险的分类

风险的分类有多种方法，比较常用的有以下几种：

①按照风险的性质可将风险划分为纯粹风险和投机风险。只有损失可能而没有获利可能的风险是纯粹风险；既有损失可能也有获利可能的风险为投机风险。

②按照产生风险的环境可将风险划分为静态风险和动态风险。静态风险是指自然力的不规则变动或人们的过失行为导致的风险；动态风险则是指社会、经济、科技或政治变动产生的风险。

③按照风险发生的原因可将风险划分为自然风险、社会风险和经济风险等。自然风险指由自然因素和物理现象所造成的风险；社会风险是指个人或

团体在社会上的行为导致的风险；经济风险是指在经济活动过程中，因市场因素影响或者管理经营不善导致经济损失的风险。

④按照风险致损的对象可将风险划分为财产风险、人身风险和责任风险。各种财产损毁、灭失或者贬值的风险是财产风险；个人的疾病、意外伤害等造成残疾、死亡的风险为人身风险；法律或者有关合同规定，因行为人的行为或不作为导致他人财产损失或人身伤亡的，行为人所负经济赔偿责任的风险即为责任风险。

（四）风险管理的定义

风险管理作为一门新的管理科学，既涉及一些数理观念，又涉及大量非数理的艺术观念，不同学者从不同的研究角度提出了很多种不同的定义。风险管理的一般定义如下：风险管理是一种应对纯粹风险的科学方法，它通过预测可能的损失，设计并实施一些流程去最小化这些损失发生的可能；而对确实发生的损失，最小化这些损失的经济影响。风险管理作为降低纯粹风险的一系列程序，涉及对企业风险管理目标的确定、风险的识别与评价、风险管理方法的选择、风险管理工作的实施，以及对风险管理计划持续不断地检查和修正这一过程。在科技、经济、社会需要协调发展的今天，不仅存在纯粹风险，还存在投机风险，因此，风险管理是风险发生之前的风险防范和风险发生后的风险处置，其中包含四种含义：①风险管理的对象是风险损失和收益；②风险管理是通过风险识别、衡量和分析的手段，以采取合理的风险控制和转移措施；③风险管理的目的是在获取最大的安全保障的基础上寻求企业的发展；④安全保障要力求以最小的成本来换取。简而言之，风险管理是指对组织运营中要面临的内部、外部可能危害组织利益的不确定性，采取相应的方法进行预测和分析，并制定、执行相应的控制措施，以获得组织利润最大化的过程。

风险管理的目标应该是在损失发生之前保证经济利润的实现，而在损失发生之后能有较理想的措施使之最大可能地复原。换句话说，就是损失是不可避免的，而风险就是这种损失的不确定性。因此，应该采取一些科学的方法和手段将这种不确定的损失尽量转化为确定的、我们所能接受的损失。风险管理有如下特征：①风险管理是融合了各类学科的管理方法，它是整合性的管理方法和过程；②风险管理是全方位的，它的管理面向风险工程、风险财务和风险人文；③风险管理的管理方法多种多样，不同的管理思维对风险的不同解读可以产生不同的管理方法；④风险管理的适应范围广，适用于任何决策位阶。

（五）风险管理的特征

学术界将风险管理的特征归结为以下四点：

①风险发生的时间是有期限的。项目分类不同，可能遇到的风险也不同，并且风险只是发生在工程施工项目运营过程中的某一个时期，所以，项目对应的风险承担者同样也一般是在一个特定的阶段才有风险责任。

②风险管理处于不断变化中。当一个项目的工作计划、开工时间、最终目标以及所用费用各项内容都已经明确以后，此项目涉及的风险管理规划也必须一同处理完毕。在项目运营的不同环节，倘若项目的开工时间以及费用消耗等条件发生改变时，与其对应的风险同样也要发生改变，因此，必须重新对其进行相关评价。

③风险管理要耗费一定的成本。项目风险管理的主要环节有风险分析、风险识别、风险归类、风险评价以及风险控制等，这些环节均是要以一定成本为基础的，并且风险管理的主要目的是缩减或消除未来有可能遇到的不利于或者阻碍项目顺利发展的问题，因此，风险管理的获益只有在未来甚至项目完工后才能体现出来。

④风险管理的作用是估算与预测。风险管理的作用并不是在项目风险发生之后抱怨或推卸相关责任，而是组建一个相互依托、相互信任、相互帮助的团队通过共同努力来解决项目发展过程中遇到的风险问题。

（六）风险管理的目标

风险管理的目标是对项目风险进行预防、规避、处理、控制或是消除，缩减风险对项目的顺利完成造成的不利因素，通过最小化的费用消耗来获得对项目的可靠性问题的保障，确保该项目的顺利高效完成。项目风险管理的系统目标一般有两个，一个是问题产生之前设定的目标，另一个是问题发生以后设定的目标。

　　风险管理的基本工作是对项目的各环节涉及的相关资料进行分析、调查、探讨甚至数据搜集。其中，需要重点关注的是项目与发生项目的环境之间相互作用的关系，风险发生的主要根源就是项目和环境之间产生的摩擦，进而产生的一系列不确定性。

二、建筑工程施工项目及其风险

（一）建筑工程施工项目的特征

　　受到工期、成本、质量等条件的约束，建筑工程施工项目在一定条件下，有以下三个特征：

1. 不可复制

　　建筑工程施工项目本身具有唯一性，是独立且不可复制存在的，是单件性的，这是工程项目的主要特征。为了保证建筑工程施工项目的顺利进行，就必须结合建筑工程施工项目的特殊性进行针对性管理，而为了实现这一点，就要对建筑工程施工项目的一次性有一个正确的认识。

2. 目标明确

　　建筑工程施工项目的目标具有明确性。建筑工程施工项目的目标包括两类，即成果性目标与约束性目标。建筑工程施工项目的功能性要求就是成果性目标，而约束性目标则包括期限、质量、预算等限制条件。

3. 整体性

　　作为管理对象，建筑工程施工项目具有整体性。单个项目要对很多生产要素进行统一配置，过程中要确保数量、质量和结构的总体优化，并随内外环境变化对其进行动态调整。也就是要在实施过程中必须坚持以项目整体效益提高和有益为原则。

　　以建筑工程施工项目为对象，以合同、施工工艺、规范为依据，以项目经理为责任人，对相关所有资源进行优化配置，并进行有计划、有控制、有指导、有组织的管理，达到时间、经济、使用效益最大化的整个过程就是建筑工程施工项目管理。通过建筑工程施工项目管理，可以对项目的质量目标、进度目标、安全目标、费用目标进行合理的界定，并通过对资源的优化配置、对合约和费用的组织与协调，最终达到建筑工程施工项目设定的各项目标。

（二）建筑工程施工项目存在的风险

1. 内部风险

（1）业主风险

如果是业主方合伙制，则可能因为各个合伙方对项目目标、义务的承担、所有权利等的认识不深刻而导致工程实施缓慢。就算是在实施工程的企业内部，项目管理团队也可能会因为各个管理团队之间缺乏协作而导致无法对工程进行高效管理。业主风险主要包括以下几种：

①建筑工程施工项目可行性研究不准确引起的风险。部分业主对市场和资源缺乏详细的调查研究，甚至缺乏科学的技术领域研究，在建筑工程施工项目分析报告里毫无根据地减少资金投入，过于乐观地评估建筑工程施工项目的效益，导致在建筑工程施工项目实施过程中，由于后期资金投入的匮乏而导致建筑工程施工项目不得不暂时停工或延期，或在工程停止投入后，由于效益不理想，成本无法随时撤回，降低了建筑工程施工项目的质量以及收益，进而在一定程度上导致国家和政府的亏损。

②建筑工程施工项目业主方主体的做法不到位引起的风险。建筑工程施工项目业主方主体的做法不到位反映在如下方面：权力使用不当，任意外包或招标造假；无根据压价；不科学地拆分工程；固定材料来源；施工过程不合理；拖延项目；工期制定不科学；等等。上述业主的不当行为，不仅使业主承担了相当大的建设质量、人员安全和效益低微的风险，而且一旦被发现，还将受到政府的处罚。

③合同风险。所谓的合同风险是指合同作为关系着双方或多方的具有法律效力的文件，因为建筑工程施工项目业主方主体的能力素质的不足，造成了部分合同内容不科学，施工中经常会出现超出预算的现象，导致业主要付出更多的资金作为违约金。现实中经常存在条款含糊其词的情况，为承包商向业主索要赔款提供了便利。

④自身组织管理原因引起的风险。例如，业主方主体缺少专业的板块负责人，无法切实掌控建筑工程施工项目的质量和工期，由于相关遗漏而付出的索赔款等。

（2）承包商风险

承包商风险就是在建筑工程施工项目里明确指出的刨除了必须由业主方主体承担的风险，其由承包商承担。在建筑工程施工项目发展的不同时期，承包商主体的风险也是不尽相同的。

①投标计划阶段。建筑工程施工项目投标计划阶段的主要内容有：进入市场的必要性，对项目投标的必要性；当确认要进入市场或确定投标之后则要定义投标的性质；对投标的性质进行确定之后还要制定方案设法可以中标。以上活动中存在着相当大的风险，如渠道的风险、保标与买标的风险和报价不合理的风险。承包商风险主要体现在报价的失误上，报价不合理的风险则主要体现在以下几个方面：业主特殊的限定条件风险，建设材料风险，生产风险。

②完工验收与交接阶段。对于学识与技术缺乏的建筑工程施工项目承包商主体来说，该时期存在着大量的风险。其中，完工验收是施工单位在工程建设过程中非常重要的环节，之前阶段潜在的问题会在这个阶段全部暴露出来。所以，承包商应详细检验项目实施的所有环节，确保在完工验收环节不会出现纰漏。

（3）设计方风险

建筑工程施工项目设计方主体的相关负责人一般都比较重视对消防路线疏散设计、建筑结构体系设计、施工装备保护设计等类型的风险管理，可是面对具体的建筑工程施工项目设计行为实施过程中的风险管理则略有不同。现实建筑工程施工项目实施过程中，设计方主体风险一般包括设计过程中的变更较多、设计方案过于保守以及设计理念或方案失误等。

（4）监理方风险

①监理组织风险。因为项目组织具有对外性、短期性和协作性等特点，导致其相关的管理工作要比其他运营企业的管理工作更有难度，因此，项目

企业所存在的风险往往要高于日常运营企业中的风险,这就有必要对项目组织风险进行科学的管理。

②监理范围风险。监理范围的风险体现在监理方对监理范围认识的错误上。有关监理范围的划分,在所签署合同的条款中已明确指出,但在现实的监理工作中,监理方以及总监理往往没有对监理范围进行认真界定就同现场监理人员进行交流,导致现场监理人员对监理范围认识错误。

③监理质量风险。监理质量不同于工程质量,监理质量是指整个工程监理工作的好坏。监理的质量往往决定了监理方履行合约的效果和监理方对所监理项目的"三控、两管、一协调"等工作的最终成果。所以,应根据监理方ISO的质量指标体系,来确保施工现场监理人员监理的质量。

④监理工程师失职。监理工程师失职是指因监理工程师自身能力有限、缺乏责任心给工程造成的损失。个别监理工程师滥用职权,拿权力做交易,致使业主的利益受损。

在项目实施阶段也存在一定的风险,其对施工质量、施工进度和成本造成了一定的影响,从而降低了监理方的工作质量和利益。识别实施阶段的风险的方法主要是面谈,面谈的对象是监理人员和相关工作的专业职员,特别是施工现场中的总监和监理工程师,因为他们是工程监理工作前线的工作者,从施工的角度讲,他们和其他部门有着诸多关联,对可能产生的风险最了解,此外,面谈人员中也应包括与监理单位有关的工作者,如组织管理部门的管理者、ISO质量体系的审核者。

2. 外部风险

(1) 政治风险

传统意义上的建筑工程施工项目政治风险一般是指,因为一个国家的政治权利或者是政治局势的变更,导致这个国家的社会不安定,进而对建筑工程施工项目的发展或实施产生重大影响的一种项目外风险。也有因为国家政府或者政策方面的因素,强制建筑工程施工项目加速完工或是缩减某些施工环节而引发的建筑工程施工项目风险。例如,某地区政府需要在指定的地点举办活动或领导要巡查工作占用场地等需要某建筑工程施工项目提早完工或缩短工期，如此一来，建筑工程施工项目就要购买更多的装备，延长工作人员的上班时间，如此种种便加大了建筑工程施工项目的资金支出。诸如此类建筑工程施工项目风险事件，根本无法预见，并且也不能测算，因此，在建筑工程施工项目做预算时应将此类风险纳入其中。

如今，政治风险特指因政治方面的各种事件而导致建筑工程施工项目蒙受意外损失。一般来讲，建筑工程施工项目政治风险是一种完全主观的不确定性事件，包括宏观和微观两个方面。宏观的建筑工程施工项目政治风险是指在一个国家内对所有经营者都存在的风险。一旦发生这种风险，所有人都可能受到影响，像战争、政局更迭等。而微观的建筑工程施工项目风险则仅是局部受影响，部分人受害而另一部分人则可能受益，或仅仅是某一行业受到不利影响的风险。

（2）自然风险

建筑工程施工项目的实施长期处于户外露天环境，必须将气候和天气的影响纳入风险管理的范围。外面温度太高或者太低、阴雨或积雪等天气都会对建筑工程施工项目的运营产生影响。因此，建筑工程施工项目自然风险就是指由于自然环境，比方说地理分布、天气变化等因素，能够阻碍建筑工程施工项目的顺利实施。它是建筑工程施工项目发生的地域人力无法改变的不利的自然环境、项目实施过程大概遇到的恶劣气候、建筑工程施工项目身处的外界环境、破旧不堪的杂乱的施工现场等要素给建筑工程施工项目造成的风险。

自然风险包括：恶劣的气象条件，如严寒无法施工，台风、暴雨给施工带来困难或损失；恶劣的现场条件，如施工用水用电供应的不稳定性、工程施工的不利地质条件等；不利的地理位置，如工程地点十分偏僻、交通十分不利等；不可抗力的自然灾害，如地震、洪灾等。

（3）经济风险

建筑工程施工项目经济风险其实就是在建筑工程施工项目实施过程中，因为资源分配不妥当、较严重的通货膨胀、市场评估不正确以及人力与资源供需不稳定等原因引发的导致建筑工程施工项目在经济上出现问题。部分经济风险是广泛性的,对所有产业都会产生一定的危害,比方说汇率忽高忽低、物价不稳定、波及全球的经济危机等;一部分建筑工程施工项目经济风险只波及建筑行业范围内的组织,比如政府在建筑产业投资上资金的变动、现期房的出售情况、原材料和劳动力价格的变动;还有一部分经济风险是在工程外包过程中引起的,这种经济风险只涉及某一个建筑工程施工项目施工方主体,比方说建筑工程施工项目的业主方执行合约的资格等。在建筑工程施工项目发展过程中,业主方主体存在由于建筑工程施工项目的成本投入扩大和偿债能力的波动而造成的经济评估的潜在风险。

经济风险包括:宏观经济形势不利,如整个国家的经济发展不景气;投资环境差,工程投资环境包括硬环境(如交通、电力供应、通信等条件)和软环境(如地方政府对工程开发建设的态度等);原材料价格不正常上涨,如建筑钢材价格不断攀升;通货膨胀幅度过大,税收提高过多;投资回报期长,长线工程预期投资回报难以实现;资金筹措困难;等等。

三、建筑工程施工项目的风险管理

(一)建筑工程施工项目风险管理的定义

建筑工程施工项目的立项、分析、研究、设计以及计划等实施都是建立在对未来各个工作的预测的基础之上的,建筑工程施工项目建设的正常进行,必须以技术、管理和组织等方面科学并合理的实现为前提。然而,通常在建筑工程施工项目建设的过程中,不可避免地会出现一些影响因素对项目建设造成影响,导致部分不确定目标的实现存在较大的难度。这部分建筑工程施工项目中难以进行预测与评估的干扰因素,被称为建筑工程施工项目风险。

(二)建筑工程施工项目风险的影响因素

建筑工程施工项目风险受多方面因素的影响,主要包括人的因素、技术因素、环境因素等。

1. 人的因素

这里说的人的因素不单指施工方造成的风险,还包括业主方的影响。首先,施工方的因素。施工方承担整个工程的施工过程,无论是参与施工的管理人员,还是操作人员,都可能是造成工程损失的风险源。例如,安全意识不足、安全措施实施不到位等都可能造成工程安全事故的发生。另外,施工人员的心理素质、应变能力、工作心态等方面也影响着施工风险的发生概率及其造成损失的后果。其次,业主方的因素。业主方虽然不直接参与施工过程,但却掌握着项目的最大资源。例如,业主方决定了工程完成的工期、资金的拨付情况等。

2. 技术因素

施工人员的专业度、熟练度也是造成建筑工程施工项目风险的重要因素。施工人员的技术越专业、越娴熟,在施工过程中所面临的风险就越小。如地基施工,要结合实际的地质条件来确定地基施工工艺。这就需要施工人员对水位、地质、天气等因素进行详细勘察后再拟定,如果施工人员技术专业能力差、缺乏经验,就会造成施工工艺选择失当,从而增大施工难度、增加施工成本。

3. 环境因素

自然环境、施工环境均会影响建筑工程施工项目。除了地震、风暴、水灾、火灾等不可抗的自然现象会严重影响建筑工程施工项目外,天气变化也会影响施工项目,例如,施工地区的风力高于5级就不适合再施工、不同时间段工地温度差异过大会造成施工困难。如果施工环境不好,会增大建筑工程施工项目风险。例如:夜间施工照明不足,极容易造成安全事故;场地通风设备不良,一些挥发毒气的材料会造成施工环境污染等。施工单位应当重视施工环境的管理和改善,要对施工当地的道路交通、城市管线、周边设施等可能对施工造成损失的因素进行分析,列出当地的环境状况影响因素,并对可能在施工中产生的后果进行预测。

(三) 建筑工程施工项目风险管理的意义

风险管理要融入建筑工程施工项目管理流程中,真正做到项目管理全面化,因为风险管理是实现项目总目标的坚实保障,也是使工程项目向着预期目标顺利进展的有力工具。现阶段,中国大规模、高投资的工程项目越来越多，工期也越来越长，这种情况下，风险无处不在，且纷繁复杂、相互关联。因此，在项目全生命周期中应时时关注风险，切不可掉以轻心，特别是施工阶段，严格执行风险防范措施具有重大意义，同时，形成良好风险管控氛围、普及相关知识、提高管理人员风险分析水平具有深远影响。具体主要表现在以下五个方面：

①明确风险对项目的影响，通过风险分析的各个环节比较各因素影响的大小，找出适合的管控方式；

②经过风险分析后，总体上降低了项目的不确定性，保证了项目目标的实现；

③通过建筑工程施工项目风险管理，管理者不再被动应对突发风险，而是能够更加从容主动地防范风险的发生，而且各种防范方法重组后可以灵活应对各种新产生的风险，做到事半功倍；

④通过建筑工程施工项目风险管理，加强了项目各方的沟通能力，改善了不规范的行为，提高了项目执行的可行性，使团队更具有安全感，增强了凝聚力；

⑤企业可以通过风险管理，建立自己的风险因素集合，通过对该项目不间断监测数据的及时输入，运用风险管理软件进行分析，再结合实际施工的进行情况做出较为准确的决策，这样可以提高效率，节约资源，实现建筑工程施工项目的动态管理。

第二节　建筑工程项目风险规划与识别

一、建筑工程施工项目的风险规划

（一）风险规划的内涵

规划是一项重要的管理职能，组织中的各项活动几乎都离不开规划，规划工作的质量也集中体现了一个组织管理水平的高低。掌握必要的规划工作方法与技能，是建筑工程施工项目风险管理人员的必备技能，也是提高建筑工程施工项目风险管理效能的基本保证。

建筑工程施工项目风险规划,是在工程项目正式启动前或启动初期,对项目、项目风险的一个统筹考虑、系统规划和顶层设计的过程,开展建筑工程施工项目风险规划是进行建筑工程施工项目风险管理的基本要求,也是进行建筑工程施工项目风险管理的首要职能。

建筑工程施工项目风险规划是规划和设计如何进行项目风险管理的动态创造性过程,该过程主要包括定义项目组织及成员风险管理的行动方案与方式、选择适合的风险管理方法、确定风险判断的依据等,用于对风险管理活动的计划和实践形式进行决策,它将是整个项目风险管理的战略性和指导性纲领。在进行风险规划时,应主要考虑的因素有项目图表、风险管理策略、预定义的角色和职责、雇主的风险容忍度、风险管理模板和工作分解结构(WBS)等。

(二)风险规划的目的与任务

1. 风险规划的目的

风险规划是一个迭代的过程,包括评估、控制、监控和记录项目风险的各种活动,其结果就是风险管理规划。通过制定风险规划,可以实现下列目的:

①尽可能消除风险;

②隔离风险并使之尽量降低;

③制定若干备选行动方案;

④建立时间和经费储备以应对不可避免的风险。

风险管理规划的目的,简单地说,就是强化有组织、有目的的风险管理思路和途径,以预防、减轻、遏制或消除不良事件的发生及产生的影响。

2. 风险规划的任务

风险规划是指确定一套系统全面、有机配合、协调一致的策略和方法并将其形成文件的过程。这套策略和方法用于辨识和跟踪风险区,拟定风险缓解方案,进行持续的风险评估,从而确定风险变化情况并配置充足的资源。风险规划阶段主要考虑的问题包括:

①风险管理策略是否正确、可行。

②实施的管理策略和手段是否符合总目标。

（三）风险规划的内容

风险规划的主要内容包括：确定风险管理使用的方法、工具和数据资源；明确风险管理活动中领导者、支持者及参与者的角色定位、任务分工及其各自的责任和能力要求；界定项目生命周期中风险管理过程的各运行阶段及过程评价、控制和变更的周期或频率；定义并说明风险评估和风险量化的类型级别；明确定义由谁以何种方式采取风险应对行动；规定风险管理各过程中应汇报或沟通的内容、范围、渠道及方式；规定如何以文档的方式记录项目实施过程中风险及风险管理的过程，风险管理文档可有效用于对当前项目的管理、监控、经验教训的总结及日后项目的指导等。

一般来讲，项目组在论证分析制定风险管理规划时，主要涉及如下内容：

①风险管理目标。围绕项目总目标，提出本项目的风险管理目标。

②风险管理组织。成立风险管理团队，确定专人进行风险管理。

③风险管理计划。根据风险等级和风险类别，制定相应的风险管理方案。

④风险管理方法。明确风险管理各阶段采取的管理方法，如识别阶段采用专家打分法和头脑风暴法，量化阶段采用统一打分标度，评价计算阶段采用层次分析法，应对措施要具体情况具体对待，对重要里程碑要进行重新评估等。

⑤风险管理要求。实行目标管理负责制，制定风险管理奖励机制，制定风险管理日常制度等。

（四）风险规划的主要方法

1. 会议分析法

风险规划的主要方法是召开风险规划会议，参加人包括项目经理和负责项目风险管理的团队成员，通过风险管理规划会议，确定实施风险管理活动的总体计划，确定风险管理的方法、工具、报告、跟踪形式以及具体的时间计划等，会议的结果是制定一套项目风险管理计划。有效的风险管理规划有助于建立科学的风险管理机制。

2. WBS法

工作分解结构图（Work Breakdown Structure，WBS）是将项目按照其内在结构或实施过程的顺序进行逐层分解而形成的结构示意图，它可以将项目分解到相对独立的、内容单一的、易于成本核算与检查的工作单元，并能把各工作单元在项目中的地位与构成直观地表示出来。

（1）WBS单元级别概述

WBS单元是指构成分解结构的每一个独立的组成部分。WBS单元应按所处的层次划分级别，从顶层开始，依次为1级、2级、3级，一般可分为6级或更多级别。工作分解既可按项目的内在结构，也可按项目的实施顺序。同时，由于项目本身复杂程度、规模大小的不同，形成了WBS的不同层次。在实际的项目分解中，有时层次较少，有时层次较多，不同类型的项目会有不同的项目分解结构图。

（2）建筑工程施工项目中的WBS技术应用

WBS是实施项目、创造最终产品或服务所必须进行的全部活动的一张清单，是进度计划、人员分配、预算计划的基础，是对项目风险实施系统工程管理的有效工具。WBS在建设项目风险规划中的应用主要体现在以下两个方面：第一，将风险规划工作看成一个项目，用WBS把风险规划工作细化到工作单元；第二，针对风险规划工作的各项工作单元分配人员、预算、资源等。

运用WBS对风险规划工作进行分解时，一般应遵循以下步骤：

①根据建设工程施工项目的规模及其复杂程度以及决策者对于风险规划的要求确定工作分解的详细程度。如果分解过粗，可能难于体现规划内容；分解过细，会增加规划制定的工作量。因此，在工作分解时要考虑下列因素：

分解对象：若分解的是大而复杂的建设项目风险规划工作，则可分层次分解，对于最高层次的分解可粗略，再逐级往下，层次越低，可越详细；若须分解的是相对小而简单的建设项目风险规划工作，则可简略一些。

使用者：对于项目经理分解不必过细，只需要让他们从总体上掌握和控制规划即可；对于规划的执行者，则应分解得较细。

编制者：编制者对建设工程施工项目风险管理的专业知识、信息、经验掌握得越多，则越可能使规划编制的粗细程度符合实际要求；反之则有可能失当。

②根据工作分解的详细程度，将风险规划工作进行分解，直至确定的、相对独立的工作单元。

③根据收集的信息，对每一个工作单元，尽可能详细地说明其性质、特点、工作内容、资源输出（人、财、物等），进行成本和时间估算，并确定负责人及相应的组织机构。

④责任人对该工作单元的预算、时间进度、资源需求、人员分配等进行复核，并形成初步文件上报上级机关或管理人员。

⑤逐级汇总以上信息并明确各工作单元实施的先后次序，即逻辑关系。

⑥形成风险规划的工作分解结构图，用以指导风险规划的制定。

二、建筑工程施工项目的风险识别

(一) 风险识别的内涵

建筑工程施工项目风险识别是对存在于项目中的各类风险源或不确定性因素，按其产生的背景、表现特征和预期后果进行界定和识别，对工程项目风险因素进行科学分类。简而言之，建筑工程施工项目风险识别就是确定何种风险事件可能影响项目，并将这些风险的特性整理成文档，进行合理分类。

建筑工程施工项目风险识别是风险管理的首要工作，也是风险管理工作中最重要的阶段。由于项目的全寿命周期中均存在风险，因此，项目风险识别是一项贯穿于项目实施全过程的项目风险管理工作。它不是一次性的工作，而是有规律地贯穿于整个项目，并基于项目全局考虑，避免静态化、局部化和短视化的工作。

建筑工程施工项目的风险识别是项目管理者识别风险来源、确定风险发生条件、描述风险特征并评价风险影响的过程。通过风险识别，应该建立以下信息：

①存在的或潜在的风险因素；

②风险发生的后果、影响的大小和严重性；

③风险发生的概率；

④风险发生的可能时间；

⑤风险与本项目或其他项目及环境之间的相互影响。

建筑工程施工项目风险识别是一个系统的并且持续的过程，而不是一个暂时的管理活动，因为项目发展会出现不同的阶段，不同阶段所遇到的外部情况和内部情况都不一样，因此风险因素也不会一成不变。开始时进行的项目全面风险识别，过一段时间后，识别出的风险可能会越来越小直至消失，但是新的建筑工程施工项目风险也许又会产生，所以，建筑工程施工项目风险识别过程必须连续且全程跟踪。

由此可见，建筑工程施工项目风险识别的内涵就可以总结为以下内容：

a. 建筑工程施工项目风险识别的基本内容是分析确认项目中存在的风险，即感知风险。通过对建筑工程施工项目风险发生过程的全程监控得以掌握其发生规律，有效地识别出建筑工程施工项目中大概能够发生的风险，进一步知晓建筑工程施工项目实施过程中不同类型的风险问题出现的内在动因、外在条件和产生途径。

b. 建筑工程施工项目风险识别过程除了要探讨和挖掘出存在的风险以外，还得实时监控，识别出各种潜在的风险。

c. 因为建筑工程施工项目进展环境是不断变化的，不同阶段的风险也是逐渐发生变化的，所以建筑工程施工项目风险识别就是一种综合性的、全面性的、最重要的持续性的工作。

d. 建筑工程施工项目风险识别是项目风险管理全过程中的第一步，也是最基本、最重要的一步，它的工作结果会直接影响后续风险管理工作，并最终影响整个风险管理工作。

（二）风险识别的目的

建筑工程施工项目风险识别是建筑工程施工项目风险管理的铺垫性环节。建筑工程施工项目风险管理工作者在搜集建筑工程施工项目资料并实施建筑工程施工项目现场调查分析以后，采用一系列的技术方法，全面地、系统地、有针对性地对建筑工程施工项目中可能存在的各种风险进行识别和归类，并理解和熟悉各种建筑工程施工项目风险的产生原因，以及能够导致的损失程度。因此，建筑工程施工项目风险识别的目的包括以下三个方面。

①识别出建筑工程施工项目进展中可能存在的风险因素，以及明确风险产生的原因和条件，并据此衡量该风险对建筑工程施工项目的影响程度以及可能导致损失程度的大小。

②根据风险的不同特点对所有建筑工程施工项目风险进行分类，并记录具体建筑工程施工项目风险的各方面特征，据此制定出最适当的风险应对措施。

③根据建筑工程施工项目风险可能引起的后果确定各风险的重要程度，并制定出建筑工程施工项目风险级别来区别管理。

建筑工程施工项目风险是多种多样的，根据不同的内部和外部环境，会有不同的风险：动态的和静态的；真实存在的和还处于潜伏期的。为此建筑工程施工项目风险识别必须有效地将建筑工程施工项目内部存在的以及外部存在的所有风险进行分类。建筑工程施工项目内部存在的风险主要是建筑工程施工项目风险管理者可以人为地去左右的风险，比如项目管理过程中的人员选择与配备以及项目消耗的成本费用的估算等。外部存在的风险主要是不在建筑工程施工项目管理者能力范围之内的风险，比如建筑工程施工项目参与市场竞争产生的风险，以及项目施工时所处的自然环境不断变化造成的风险。

（三）风险识别的依据

项目风险识别的主要依据包括风险管理计划、项目规划、历史资料、风险种类、制约因素与假设条件。

1. 风险管理计划

建筑工程施工项目风险管理计划是规划和设计如何进行建筑工程施工项目风险管理的过程，它定义了工程项目组织及成员风险管理的行动方案和方式，指导工程项目组织选择风险管理方法。建筑工程施工项目风险管理计划针对整个项目生命周期制定如何组织和进行风险识别、风险分析与评估、风险应对及风险监控的规划。从建筑工程施工项目风险管理计划中可以确定以下内容：

①风险识别的范围；

②信息获取的渠道和方式；

③项目组成员在项目风险识别中的分工和责任分配；

④重点调查的项目相关方；

⑤项目组在识别风险的过程中可以应用的方法及其规范；

⑥在风险管理过程中应该何时、由谁进行哪些风险重新识别；

⑦风险识别结果的形式、信息通报和处理程序。

因此，建筑工程施工项目风险管理计划是项目组进行风险识别的首要依据。

2. 项目规划

建筑工程施工项目规划中的项目目标、任务、范围、进度计划、费用计划、资源计划、采购计划及项目承包商、业主方和其他利益相关方对项目的期望值等都是项目风险识别的依据。

3. 历史资料

建筑工程施工项目风险识别的重要依据之一就是历史资料，即从本项目或其他相关项目的档案文件中、从公共信息渠道中获取对本项目有借鉴作用的风险信息。以前做过的、同本项目类似的项目及其经验教训对于识别本项目的风险非常有用。项目管理人员可以翻阅过去项目的档案，向曾参与该项目的有关各方征集有关资料，这些人手头保存的档案中常常有详细的记录，记载着一些事故的来龙去脉，这对本项目的风险识别极有帮助。

4. 风险种类

风险种类指那些可能对建筑工程施工项目产生正面或负面影响的风险源。一般的风险类型有技术风险、质量风险、过程风险、管理风险、组织风险、市场风险及法律法规变更等。项目的风险种类应能反映建筑工程施工项目应用领域的特征，掌握了各风险种类的特征规律，也就掌握了风险辨识的钥匙。

5. 制约因素与假设条件

项目建议书、可行性研究报告、设计等项目计划和规划性文件一般都是在若干假设、前提条件下估计或预测出来的。这些前提和假设在项目实施期间可能成立，也可能不成立。因此，建筑工程施工项目的前提和假设之中的制约，其中国家的法律、法规和规章等因素都是工程项目活动主体无法控制的，这些构成了工程项目的制约因素，这些制约因素中隐藏着风险。为了明确项目计划和规划的前提、假设和限制，应当对工程项目的所有管理计划进行审查。例如：

①审查范围管理计划中的范围说明书能揭示出建筑工程施工项目的成本、进度目标是否定得太高，而审查其中的工作分解结构，可以发现以前未曾注意到的机会或威胁；

②审查人力资源与沟通管理计划中的人员安排计划，能够发现对项目的顺利进展有重大影响的那些人，可判断这些人员是否能够在建筑工程施工项目过程中发挥其应有的作用，这样就可以发现该项目潜在的威胁。

③审查项目采购与合同管理计划中有关合同类型的规定和说明，因为不同形式的合同规定了建筑工程施工项目各方承担的不同风险，如外汇汇率对项目预算的影响，建筑工程施工项目相关方的各种改革、并购及战略调整给项目带来的直接和间接的影响。

（四）风险识别的特点

1. 全员性

建筑工程施工项目风险的识别不只是项目经理或项目组个别人的工作，而是项目组全体成员参与并共同完成的任务。因为每个项目组成员的工作都会有风险,每个项目组成员都有各自的项目经历和项目风险管理经验。

2. 系统性

建筑工程施工项目风险无处不在、无时不有,决定了风险识别的系统性,即工程项目寿命期的风险都属于风险识别的范围。

3. 动态性

风险识别并不是一次性的,在建筑工程施工项目计划、实施甚至收尾阶段都要进行风险识别。根据工程项目内部条件、外部环境以及项目范围的变化情况适时、定期进行工程项目风险识别是非常必要和重要的。

因此,风险识别要在工程项目开始、每个项目阶段中间、主要范围变更批准之前进行,它必须贯穿于工程项目全过程。

4. 信息性

风险识别需要做许多基础性工作,其中重要的一项工作是收集相关的项目信息。信息的全面性、及时性、准确性和动态性决定了建筑工程施工项目风险识别工作的质量和结果的可靠性和精确性,建筑工程施工项目风险识别具有信息依赖性。

5. 综合性

风险识别是一项综合性较强的工作,除了在人员参与、信息收集和范围上具有综合性特点外,风险识别的工具和技术也具有综合性,即风险识别过程中要综合应用各种风险识别的技术和工具。

(五) 风险识别的过程

①确定目标。不同建筑工程施工项目,偏重的目标可能各不相同。有的项目可能偏重于工期保障目标,有的则偏重于成本控制目标,有的偏重于安全目标,有的偏重于质量目标,不同项目管理目标对风险的识别自然也不完全相同。

②确定最重要的参与者。建筑工程施工项目管理涉及多个参与方,涉及众多类别管理者和作业者。风险识别是否全面准确,需要来自不同岗位的人员参与。

③收集资料。除了对建筑工程施工项目的招投标文件等直接相关文件进

行认真分析外，还要对相关法律法规、地区人文民俗、社会及经济金融等相关信息进行收集和分析。

④估计项目风险形势。风险形势估计就是要明确项目的目标、战略、战术以及实现项目目标的手段和资源，以确定项目及其环境的变数。通过项目风险形势估计，确定和判断项目目标是否明确、是否具有可测性、是否具有现实性以及有多大不确定性；分析保证项目目标实现的战略方针、战略步骤和战略方法；根据项目资源状况分析实现战略目标的战术方案存在多大的不确定性，彻底弄清项目有多少可用资源。通过项目风险形势估计，可对项目风险进行初步识别。

⑤根据直接或间接征兆，将潜在的项目风险识别出来。

（六）风险分析的方法

1. 德尔菲法

这是一种起源很早的方法，德尔菲法是公司通过与专家建立的函询关系，进行多次意见征求，再多次反馈整合结果，最终将所有专家的意见趋于一致的方法。这样最终得到的结果便可作为最后风险识别的结果。这是美国兰德公司最先使用的一种有助于归总零散问题、减少偏倚摆动的一种专家能最终达成一致的有效方法。在操作德尔菲法时要注意以下三点：

①专家的征询函需要匿名，这是为了最大限度地保护专家的意见，减少公开发表带来的不必要的麻烦；

②在整合统计时，要扬长避短；

③在进行意见交换时，要充分进行相互启发，集众所长，提高准确度。

2. 头脑风暴法

头脑风暴法是一种通过讨论和思想碰撞，产生新思想的方法。头脑风暴法的特点是通过召集相关人员开会，鼓励与会人员充分展开想象，畅所欲言，杜绝一言堂，真正做到言者无罪，让与会者的思路得到充分拓展。会议时间不能太长，组织者要创造条件，不能给发表意见者施加压力，要使会议环境宽松，从而有利于新思想、新观点的产生。会议应遵循以下原则：

①禁止对与会人员的发言进行指责、非难；

②努力促进与会人员发言，随着发言的增加，获得的信息量就会增加，出现有价值的思想的概率就会增大；

③要特别重视那些离经叛道、不着边际、不被普通人接受的思想；

④将所收集到的思想观点进行汇总，把汇总后的意见及初步分析结果交予与会专家，从而激发新的思想；

⑤对专家意见要进行详细的分析、解读，要重视，但也要有组织自身的判断，不能盲从。

头脑风暴法强调瞬间思维带来的风险数量，而非质量。它是通过刺激思维，不断产生新思想的方法。在头脑风暴法进行中无须讨论也不要批判，只须罗列所能想到的一切可能性。专家之间可以相互启发，吸纳新的信息，迸发新的想法，使大家形成共鸣，达到取长补短的效果。这样通过反复列举，可以使风险识别更全面，使结果更趋于科学化、准确化。

3. 核对表法

要指定核对表，首先要搜集历史相关资料，根据以往的经验教训，制定出涵盖较广泛的可作借鉴依据的表格。此表格可以从项目的资金、成本、质量、工期、招标、合同等方面说明项目成败的原因，还可以从项目技术手段、项目所处环境、资源等方面对成败原因进行分析。当前有待风险管理的项目可在参考此表的基础上，再结合自身的特点对其环境、资源、管理等方面进行对比，查缺补漏，找出风险因素。这种方法的优点是识别迅速、方便、技术要求低，但其缺点是风险识别因素不全面，有局限性。

4. 现场考察法

风险管理人员能够识别大部分潜在风险，但不是全部。只有深入施工阶段内部进行实地考察，收集相关信息，才能准确而全面地发现风险。例如，在施工阶段进行现场考察，可以了解有关工程材料的保管情况、项目的实际进度、是否存在安全隐患以及项目的质量情况等。

5. 财务报表分析法

通过对财务的资产负债表、损益表等相关财务报表分析得出现阶段企业的财务情况，识别出工程项目存在的财务风险，判断出责任归属方及损失程度。此方法可以确定特殊工程项目预计产生的损失，还可以分析出导致损失的原因。此方法经常被使用，优点突出，在前期投资分析和施工阶段财务分析中极为适用。

6. 流程图法

流程图表示一个项目的工作流程，不同种类的流程图表示相互信息间的不同关系。表示项目整体工作流程的流程图，被称为系统流程图；表示项目施工阶段相互关联的流程图，被称为项目实施流程图；表示部门间作业先后关系的流程图，被称为项目作业流程图。使用这种方法分析风险、识别风险简洁明了，并能捕捉动态风险因素。其优点在于此方法可以有效辨识风险所处的环节，以及多环节间的相互关系，连带影响其他环节。运用该法，管理者可以高效辨明风险的潜在威胁。

7. 故障树分析法

故障树分析法（Fault Tree Analysis，FTA）是定性分析项目可能发生的风险的过程，其主要工作原理是：由项目管理者确定将项目实施过程中最应该杜绝发生的风险事故定为故障树分析的目标，这个目标可以是一个也可以是多个，我们称之为顶端事件；再通过分析讨论导致这些顶端事件发生的原因，这些原因事件被称为中间事件；再进一步寻找导致这些中间事件发生的原因，仍被称为中间事件，直至进一步寻找变得不再可行或者成本效益值太低为止，此时得到的最低水平事件被称为原始事件。

故障树分析法遵循由结果找原因的原则，将项目风险可能带来的结果由果及因，按树状逐级细化至原发事件，在分析前期预测和识别各种潜在风险因素的基础上，找到项目风险的因果关系，沿着风险产生的树状结构，运用逻辑推理的方法，求出发生风险的概率，提供风险因素的应对方案。

由于故障树分析法由上而下、由果及因、一果多因地构建项目风险管理体系，在实践中通常采用符号及指向线段来构图，构成的图形与树一样，由高向低，越分越多，故称故障树。

第三节　建筑工程项目风险分析与应对

一、建筑工程施工项目的风险分析与评估

（一）风险分析的内涵

风险分析是以单个的风险因素为主要对象，具体阐述如下：第一，基于对项目活动的时间、空间、地点等存在风险的确定，采用量化的方法进行风险因素识别，对风险实际发生的概率进行估算；第二，对风险后果进行估计之后，对各风险因素的影响程度与顺序进行确定；第三，确认风险出现的时间与影响范围。

风险分析指的是通过各种量化指标形成风险清单，并帮助风险控制解决路线与解决方案得以明确的整个过程。风险分析主要采用量化分析，并同时对可能增加或减少的潜在风险进行充分考虑，确定个别风险因素及其影响，并实现对尺度和方法的选定，以确定风险的后果。风险因素的发生概率估计分为主观风险估计与客观风险估计。客观风险估计主要参考历史数据资料，而主观风险估计则主要以人的经验与判断力为依托。通常情况下，风险分析必须同步进行主观风险估计与客观风险估计。这是因为我们并不能完全了解建设项目的进展情况，同时由于不断引入的新技术与新材料，增加了建设项目进程的客观影响因素的复杂性，原有数据的更新不断加快，导致参考价值丧失。由此可见，针对一些特殊情况，主观的风险估计相对会更重要。

（二）风险评估的内涵

对各种风险事件的后果进行评估，并基于此对不同风险严重程度的顺序进行确定，这就是风险评估。在风险评估中，对各种风险因素对项目总体目标的影响的考虑与分析具有十分重要的意义，以此使风险的应对措施得以确定，当然风险评估必然产生一定的费用，因此需要对风险成本效益进行综合考虑。在进行分析与评估时，管理人员应对决策者的决策可能带来的所有影响进行细致的研究与分析，并自行对风险结果进行预测，然后与决策者决策

进行比较，对决策者是否接受这些预测进行合理判断。由于风险的不同，其可接受程度与危害性必然也存在一定的差异，因此，一旦产生了风险，就必须对其性质进行详细分析，并采取应对措施。风险评估的方法主要分为两种，即定量评估与定性评估，在风险评估的过程中，还应针对风险损失的防止、减少、转移以及消除制定初步方案，并在风险管理阶段对这些方案进行深入分析，选择最合理的方法。在实践中，风险识别、风险分析与风险评估具有十分密切的联系，通常情况下三者具有重叠性，在实施过程中三者需要交替反复。

（三）风险分析与风险评估之间的关系

风险分析主要用于对单一风险因素的衡量，并且是以风险评估为分析的基础，比如对风险发生的概率、影响范围以及损失的大小进行估计；而多种风险因素对项目指标影响的分析则属于风险评估。在风险管理过程中，风险分析与风险评估既有密切的联系，又有一定的区别。从某种意义上来讲是难以严格区分风险评估与风险分析的界限的，因此在对某些方法的应用方面两者还是具有一定的互通性的。

（四）风险分析与评估的目的

风险分析与评估的作用是对单一风险因素发生的概率加以确定。为实现量化的目的，管理者会对主观或者客观的方法加以应用；对各种可能的因素风险结果进行分析，对这些风险使项目目标受影响的程度进行研究；针对单一的风险因素进行量化分析，对多种风险因素对项目目标的综合影响进行分析与考虑，对风险程度进行评估，然后提出相应的措施以支持管理决策。

（五）风险分析与评估的方法

1. 风险量化法

风险分析活动是基于风险事件所发生的概率与概率分布而进行的。因此，风险分析首先就要确定风险事件概率与概率分布的情况。

风险量是指不确定的损失程度和损失本身所发生的概率。对于某个可能发生的风险，其所遭受的损失程度、概率与风险量呈正比关系。可用以下公式来表示风险量：

$$R = F(O, P, L)$$

式中，R表示某个风险事件的发生对管理目标的影响程度；O表示受该风险因素影响的风险后果集；P表示风险结果的概率集；L表示对风险的认识和感受，对风险的态度。以上三个因子也可用其他特征函数来进行表达：$O = f$（信息可信度、技术水准、分析者的经验值等），$P = f$（信息可信度、信息来源、分析者的经验值等），$L = f$（主观因素、激励措施、风险背景、分析者的经验值等）。

最简单的风险量化方法就是风险结果乘以其相应的概率值，从而能够得到项目风险损失的期望值，这在数理统计学中被称为均值。然而，在风险大小的度量中采用均值仍然存在一定的缺陷，该方法对风险结果之间的差异或离散缺乏考虑，因此，应对风险结果之间的离散程度问题进行充分考虑，这种风险度量方法才具有合理性。根据统计学理论可得知，可以用方差解决风险结果之间离散程度量化的问题。

2. LEC法

在实际建筑工程施工项目风险管理的过程中，LEC方法的应用具有十分重要的意义，其本质就是风险量公式的变形，是应用概率论的重要方法。该方法用风险事件发生的概率、人员处于危险环境中的频繁程度和事故的后果三个自变量相乘，得出的结果被用来衡量安全风险事件的大小。其中L，表示事故发生的概率，E表示人员暴露于危险环境中的频繁程度，C表示事故后果，则风险大小S可用下式描述：

$$S = L \times E \times C$$

LEC的方法对L、E、C等三个变量加以利用，因此我们称之为LEC方法。根据此方法来对危险源进行打分并分级，如此就实现了对建筑工程施工项目安全风险的详细分级，并且与实际情况相符合，也更容易进行安全风险排序，使大部分建筑工程施工项目安全风险管理的精细化管理要求得到满足。

3. CPM法

在施工项目中，进度风险属于管理风险，也是主要的控制风险之一。目

第五章 建筑工程施工项目风险管理

前,在施工项目进度风险管理中,建筑施工企业以编制 CPM 网络进度计划的方法为主。CPM 法主要有三种表示方法,即双代号网络、单代号网络以及双代号时标网络。这三种表示方法的相同点是:项目中各项活动的持续时间具有单一性与确定性,主要依靠专家判断、类比估算以及参数估算来确定活动持续的时间;该技术主要沿着项目进度路线采用两种分析方法,即正向分析与反向分析,进而使理论上所有计划活动的最早开始时间与结束时间、最迟开始时间与结束时间得以计算,并制定相应的项目进度表,针对其中存在的风险采取相应的措施。

二、建筑工程施工项目的风险应对

(一)风险应对的含义

风险应对就是对项目风险提出处置意见和办法。通过对项目风险的识别、分析和评估,把项目风险发生的概率、损失严重程度以及其他因素综合起来考虑,就可得出项目发生各种风险的可能性及其危害度,再与公认的安全指标相比较,就可确定项目的危险等级,从而决定应采取什么样的措施以及控制措施应采取到什么程度。

(二)风险应对的过程

作为建筑工程施工项目风险管理的一个有机组成部分,风险应对也是一种系统的活动过程。

1. 风险应对过程目标

当风险应对过程满足下列目标时,就说明它是充分的:①进一步提炼工程项目风险背景;②为预见到的风险做好准备;③确定风险管理的成本效益;④制定风险应对的有效策略;⑤系统地管理工程项目风险。

2. 风险应对过程活动

风险应对过程活动是指执行风险行动计划,以求将风险降至可接受程度所须完成的任务。一般有以下几项内容:①进一步确认风险影响;②制定风险应对策略措施;③研究风险应对技巧和工具;④执行风险行动计划;⑤提出风险防范和监控建议。

（三）风险应对的计划编制

1. 计划编制依据

风险应对的计划编制必须充分考虑风险的严重性、应对风险所花费用的有效性、采取措施的适时性以及和建设项目环境的适应性等。一般来讲，应先针对某一风险通常先制定几个备选的应对策略，然后从中选择一个最优的方案，或者进行组合使用。建设项目风险应对计划编制的依据主要有以下几个方面：

（1）风险管理计划

风险管理计划是规划和设计如何进行建筑工程施工项目风险管理的文件。该文件详细地说明了风险识别、风险分析、风险评估和风险控制过程的所有方面以及风险管理方法、岗位划分和职责分工、风险管理费用预算等。

（2）风险清单及其排序

风险清单和风险排序是风险识别和风险评估的结果，记录了建筑工程施工项目大部分风险因素及其成因、风险事件发生的可能性、风险事件发生后对建筑工程施工项目的影响、风险重要性排序等。风险应对计划的制订不可能面面俱到，应该着重考虑重要的风险，而对于不重要的风险可以忽略。

（3）项目特性

建筑工程施工项目各方面的特性决定了风险应对计划的内容及其详细程度。如果该工程项目比较复杂，需要应用比较新的技术或面临非常严峻的外部环境，则需要制订详细的风险应对计划；如果工程项目不复杂，有相似的工程项目数据可供借鉴，则风险应对计划可以相对简略一些。

（4）主体抗风险能力

主体抗风险能力可概括为两个方面：一方面是决策者对风险的态度及其对风险的心理承受能力；另一方面是建筑工程施工项目参与方承受风险的客观能力，如建设单位的财力、施工单位的管理水平等。主体抗风险能力将直接影响工程项目风险应对措施的选择，相同的风险环境、不同的项目主体或不同的决策者有时会选择截然不同的风险应对措施。

(5) 可供选择的风险应对措施

对于具体风险，有哪些应对措施可供选择以及如何根据风险特性、建筑工程施工项目特点及相关外部环境特征选择最有效的风险应对措施，是制订风险应对计划要做的非常重要的工作。

2. 计划编制内容

建筑工程施工项目风险应对计划是在风险分析工作完成之后制订的详细计划。不同的项目，风险应对计划内容也不同，但是至少应当包含如下内容：

①所有风险来源的识别以及每一来源中的风险因素；

②关键风险的识别以及关于这些风险对于实现项目目标所产生的影响说明；

③对于已识别出的关键风险因素的评估，包括从风险估计中摘录出来的发生概率以及潜在的破坏力；

④已经考虑过的风险应对方案及其代价；

⑤建议的风险应对策略，包括解决每一项风险的实施计划；

⑥各单独应对计划的总体综合，以及分析过风险耦合作用可能性之后制订出的其他风险应对计划；

⑦对项目风险形势估计、风险管理计划和风险应对计划三者进行综合之后的总策略；

⑧实施应对策略所需资源的分配，包括关于费用、时间进度及技术考虑的说明；

⑨风险管理的组织及其责任，是指在建筑工程施工项目中确定的风险管理组织，以及负责实施风险应对策略的人员和职责；

⑩开始实施风险管理的日期、时间安排和关键的里程碑；

⑪成功的标准，即何时可以认为风险已被规避，以及待使用的监控办法；

⑫跟踪、决策以及反馈的时间，包括不断修改、更新须优先考虑的风险一览表计划和各自的结果；

⑬应急计划,就是预先计划好的,一旦风险事件发生就付诸实施的行动步骤和应急措施;

⑭对应急行动和应急措施提出的要求;

⑮建筑工程施工项目执行组织高层领导对风险规避计划的认同和签字。

风险应对计划是整个建筑工程施工项目管理计划的一部分,其实施并无特殊之处。按照计划取得所需的资源,实施时要满足计划中确定的目标,事先把工程项目不同部门之间在取得所需资源时可能发生的冲突寻找出来,任何与原计划不同的决策都要记录在案。落实风险应对计划,行动要坚决,如果在执行过程中发现工程项目风险水平上升或未像预期的那样降下来,则须重新制订计划。

(四) 风险应对的方法

1. 风险减轻

风险减轻,又称风险缓解或风险缓和,是指将建筑工程施工项目风险的发生概率或后果降低到某一可以接受的程度。风险减轻的具体方法和有效性在很大程度上依赖于风险是已知风险、可预测风险还是不可预测风险。

对于已知风险,风险管理者可以采取相应措施加以控制,可以动用项目现有资源降低风险的严重后果和风险发生的频率。例如,通过调整施工活动的逻辑关系,压缩关键路线上的工序持续时间或加班加点等来减轻建筑工程施工项目的进度风险。

可预测风险和不可预测风险是项目管理者很少或根本不能控制的风险,有必要采取迂回的策略,包括将可预测和不可预测风险变成已知风险,把将来的风险"移"到现在。例如,将地震区待建的高层建筑模型放到震台上进行强震模拟试验就可降低地震时风险发生的概率;为减少引进设备在运营时的风险,可以通过详细的考察论证、选派人员参加培训、精心安装、科学调试等方式来降低不确定性。

在实施风险减轻策略时,最好将建筑工程施工项目每一个具体的"风险"都减轻到可接受的水平。各具体风险水平降低了,建设项目整体风险水平在一定程度上也就降低了,项目成功的概率就会增加。

在制定风险减轻措施时必须依据风险特性，尽可能将建设项目风险降低到可以接受水平，常见的途径有以下几种：

（1）减少风险发生的概率

通过各种措施降低风险发生的可能性是风险减轻策略的重要途径，通常表现为一种事前行为。例如，施工管理人员通过加强安全教育和强化安全措施，减少事故发生的概率；承包商通过加强质量控制，降低工程质量不合格或由质量事故引起的工程返工的可能性。

（2）减少风险造成的损失

减少风险造成的损失是指在风险损失不可避免要发生的情况下，通过各种措施以遏制损失继续扩大或限制其扩展的范围。例如：当工程延期时，可以调整施工组织工序或增加工程所需资源进行赶工；当工程质量事故发生时，可以采取结构加固、局部补强等技术措施进行补救。

（3）分散风险

分散风险是指通过增加风险承担者来达到减轻总体风险压力的措施。例如，联合体投标就是一种典型的分散风险的措施。该投标方式是针对大型工程，由多家实力雄厚的公司组成一个投标联合体，发挥各承包商的优势，增强整体竞争力。如果投标失败，则造成的损失由联合体各成员共同承担；如果中标了，则在建设过程中的各项政治风险、经济风险、技术风险也同样由联合体共同承担，并且，由于各承包商的优势不同，有些风险很可能会被某承包商利用并转化为发展机会。

（4）分离风险

分离风险是指将各风险单位分离间隔，避免发生连锁反应或相互牵连。例如，在施工过程中，将易燃材料分开存放，避免出现火灾时其他材料遭受损失的可能。

2. 风险预防

风险预防是指采取技术措施预防风险事件的发生，是一种主动的风险管理策略，常分为有形和无形两种手段。

(1) 有形手段

工程法是一种有形手段，是指在工程建设过程中，结合具体的工程特性采取一定的工程技术手段，避免潜在风险事件发生。例如，为了防止山区区段山体滑坡危害高速公路过往车辆和公路自身，可采用岩锚技术锚固松动的山体，增加因开挖而破坏了的山体稳定性。

用工程法规避风险具体有下列多种措施：

①防止风险因素出现。在建筑工程施工项目实施或开始活动前，采取必要的工程技术措施，避免风险因素的发生。例如，在基坑开挖的施工现场周围设置栅栏，洞门临边设防护栏或盖板，警戒行人或者车辆不要从此处通过，以防止发生安全事故。

②消除已经存在的风险因素。施工现场若发现各种用电机械和设备增多，及时果断地换用大容量变压器就可以降低其烧毁的风险。

③将风险因素同人、财、物在时间和空间上隔离。风险事件引起风险损失的原因在于某一时间内，人、财、物或者他们的组合在其破坏力作用的范围之内，因此，将人、财、物与风险源在空间上隔开，并避开风险发生的时间，这样可有效地规避损失和伤亡。例如，移走动火作业附近的易燃物品，并安放灭火器，可避免潜在的安全隐患发生。

工程法的特点：一是每种措施总与具体的工程技术设施相联系，因此，采用此方法规避风险成本较高；二是任何工程措施均是由人设计和实施的，人的素质在其中起决定作用；三是任何工程措施都有其局限性，并不是绝对地可靠或安全的，因此，工程法要同其他措施结合起来利用，以达到最佳的规避风险效果。

(2) 无形手段

①教育法。教育法是指通过对建筑工程施工项目人员广泛开展教育，提高参与者的风险意识，使其认识到工作中可能面临的风险，了解并掌握处置风险的方法和技术，从而避免未来潜在工程风险的发生。建筑工程施工项目风险管理的实践表明，项目管理人员和操作人员的行为不当是引起风险的重要因素之一，因此，要防止与不当行为有关的风险，就必须对有关人员进行

风险和风险管理教育。教育内容应该包含有关安全、投资、城市规划、土地管理及其他方面的法规、规范、标准和操作规程、风险知识、安全技能等。

②程序法。程序法是指通过具体的规章制度制定标准化的工作程序，对建筑工程施工项目活动进行规范化管理，尽可能避免风险的发生和造成的损失。例如，我国长期坚持的基本建设程序，反映了固定资产投资活动的基本规律。实践表明，不按此程序办事，就会犯错误，就会造成浪费和损失。所以要从战略上减轻建筑工程施工项目的风险，就必须遵循基本建设程序。再如，塔吊操作人员须持证上岗并严格按照操作规程进行工作。

预防策略还可在建筑工程施工项目的组成结构上下功夫，例如，增加可供选用的行动方案数目、为不能停顿的施工作业准备备用的施工设备。此外，合理地设计项目组织形式也能有效预防风险，例如，项目发起单位在财力、经验、技术、管理、人力或其他资源方面无力完成项目时，可以同其他单位组成合营体，预防自身不能克服的风险。

使用预防策略需要注意的是，在建筑工程施工项目的组成结构或组织中加入多余的部分，同时也增加了项目或项目组织的复杂性，提高了项目成本，进而增加了风险。

3. 风险转移

风险转移，又称为合伙分担风险，是指在不降低风险水平的情况下，将风险转移至参与该项目的其他人或其他组织。风险转移是建设项目管理中广泛应用的风险应对方法，其目的不是降低风险发生的概率和减轻不利后果，而是通过合同或协议，在风险事故一旦发生时将损失的一部分转移到有能力承受或控制项目风险的个人或组织。

风险转移通常有以下两种途径：

第一种是保险转移，即借助第三方——保险公司来转移风险。该途径需要花费一定的费用将风险转移给保险公司，当风险发生时获得保险公司的补偿。同其他风险规避策略相比，工程保险转移风险的效率是最高的。

第二种风险转移的途径是非保险转移，是通过转移方和被转移方签订协议进行风险转移的。建筑工程施工项目风险常见的非保险转移包括出售、合同条款、担保和分包等方法。

4. 风险回避

风险回避是指当建筑工程施工项目风险潜在威胁发生可能性太大，不利后果也太严重，又无其他策略可用时，主动放弃项目或改变工程项目目标与行动方案，从而规避风险的一种策略。

如果通过风险评价发现工程项目的实施将面临巨大的威胁，项目管理班子又没有别的办法控制风险，甚至保险公司也认为风险太大，拒绝承保，这时就应该考虑放弃建筑工程施工项目的实施，避免巨大的人员伤亡和财产损失。

风险回避是一种最彻底地消除风险影响的策略。风险回避采用终止法，是指通过放弃、中止或转让项目来回避潜在风险的发生。

5. 风险自留

风险自留是指建筑工程施工项目主体有意识地选择自己承担风险后果的一种风险应对策略。风险自留是一种风险财务技术，项目主体明知可能会发生风险，但在权衡了其他风险应对策略后，出于经济性和可行性考虑，仍将风险自留，若风险损失真的出现，则依靠项目主体自己的财力去弥补。

风险自留分主动风险自留和被动风险自留两种。主动风险自留是指在风险管理规划阶段已经对风险有了清楚的认识和准备，主动决定自己承担风险损失的行为。被动风险自留是指项目主体在没有充分识别风险及其损失，且没有考虑其他风险应对策略的条件下，不得不自己承担损失后果的风险应对方式。

当项目主体决定采取风险自留后，需要对风险事件提前做一些准备，这些准备称为风险后备措施，主要包括费用、进度和技术三种措施。

6. 风险利用

应对风险不仅只是回避、转移、预防、减轻风险，更高一个层次的应对措施是风险利用。

根据风险定义可知，风险是一种消极的、潜在的不利后果，同时也是一种获利的机会。也就是说，并不是所有类型的风险都会带来损失，其中有些风险只要正确处置是可以被利用并产生额外收益的,这就是所谓的风险利用。

风险利用仅对投机风险而言,原则上,投机风险大部分有被利用的可能,但并不是轻易就能取得成功,因为投机风险具有两面性,有时利大于弊,有时相反。风险利用就是促进风险向有利的方向发展。

当考虑是否利用某投机风险时,首先,应分析该风险利用的可能性和利用价值;其次,必须对利用该风险所须付出的代价进行分析,在此基础上客观地检查和评估自身承受风险的能力。如果得失相当或得不偿失,则没有承担的意义;或者效益虽然很大,但风险损失超过了自己的承受能力,也不宜硬性承担。

当决定采取风险利用策略后,风险管理人员应制定相应的具体措施和行动方案,一方面,既要考虑充分利用、扩大战果的方案,又要考虑退却的部署,毕竟投机风险具有两面性。在实施期间,不可掉以轻心,应密切监控风险的变化,若出现问题,要及时采取转移或缓解等措施;若出现机遇,要当机立断,扩大战果。

另一方面,在风险利用过程中,需要量力而行。承担风险要有实力,而利用风险则对实力有更高的要求,既要有驾驭风险的能力,又要有将风险转化为机会或利用风险创造机会的能力,这是由风险利用的目的所决定的。

第六章 建筑工程项目管理信息化

第一节 建筑工程项目信息管理系统

一、建筑工程项目信息管理的含义和目的

信息指的是用口头、书面或电子的方式传输(传达、传递)的知识、新闻、可靠的或不可靠的情报。声音、文字、数字和图像等都是信息的表达形式。建筑工程项目的实施需要人力资源和物质资源,应认识到信息也是项目实施的重要资源之一。

信息管理指的是信息传输的合理的组织和控制。

项目信息管理是通过对各个系统、各项工作和各种数据的管理,使项目信息能方便和有效地获取、存储、存档、处理和交流。项目的信息管理的目的是通过有效的项目信息传输的组织和控制(信息管理),为项目建设的增值服务。

建筑工程项目的信息包括在项目决策过程、实施过程(设计准备、设计、施工和物资采购过程等)和运行过程中产生的信息,以及其他与项目建设有关的信息,包括项目的组织类信息、管理类信息、经济类信息、技术类信息和法规类信息。

据国际有关文献资料介绍,建筑工程项目实施过程中存在诸多问题,其中三分之二与信息交流(信息沟通)的问题有关;建筑工程项目10%~33%的费用增加与信息交流存在的问题有关;在大型建筑工程项目中,信息交流的问题导致工程变更和工程实施的错误占工程总成本的3‰~5‰。由此可见信息管理的重要性。

二、建筑工程项目信息管理的任务

（一）信息管理手册

业主方和项目参与各方都有各自的信息管理任务，为充分利用和发挥信息资源的价值、提高信息管理的效率，以及实现有序和科学的信息管理，各方都应编制各自的信息管理手册，以规范信息管理工作。信息管理手册描述和定义了信息管理的任务、执行者（部门）、每项信息管理任务执行的时间和其工作成果等，主要内容包括：

①确定信息管理的任务（信息管理任务目录）；

②确定信息管理的任务分工表和管理职能分工表；

③确定信息的分类；

④确定信息的编码体系和编码；

⑤绘制信息输入输出模型（反映每一项信息处理过程中信息提供者、信息推理加工者、信息整理加工的要求和内容，以及将经整理加工后的信息传递给信息的接收者，并用框图的形式表示）；

⑥绘制各项信息管理工作的工作流程图（如信息管理手册编制和修订的工作流程，为形成各类报表和报告，收集信息、审核信息、录入信息、加工信息、信息传输和发布的工作流程，以及工程档案管理的工作流程等）；

⑦绘制信息处理的流程图（如施工安全管理信息、施工成本控制信息、施工进度信息、施工质量信息、合同管理信息等的信息处理流程）；

⑧确定信息处理的工作平台（如以局域网作为信息处理的工作平台，或用门户网站作为信息处理的工作平台等）及明确其使用规定；

⑨确定各种报表和报告的格式，以及报告周期；

⑩确定项目进展的月度报告、季度报告、年度报告和工程总报告的内容及其编制原则和方法；

⑪确定工程档案管理制度；

⑫确定信息管理的保密制度,以及与信息管理有关的制度。

在国际上,信息管理手册广泛应用于工程管理领域,是信息管理的核心指导文件。我国施工企业应对此引起重视,并在工程实践中加以应用。

(二)信息管理部门的工作任务

项目管理班子中各个工作部门的管理工作都与信息处理有关,都承担一定的信息管理任务,而信息管理部门是专门从事信息管理的工作部门,主要的工作任务包括:

①负责编制信息管理手册,在项目实施过程中进行信息管理手册的必要修改和补充,并检查和督促其执行;

②负责协调和组织项目管理班子中各个工作部门的信息处理工作;

③负责信息处理工作平台的建立和运行维护;

④与其他工作部门协同组织收集信息、处理信息和形成各种反映项目进展和项目目标控制的报表和报告;

⑤负责工程档案管理等。

在国际上,许多建筑工程项目都专门设立了信息管理部门(或称为信息中心),以确保信息管理工作的顺利进行;也有一些大型建筑工程项目专门委托咨询公司从事项目信息动态跟踪与分析,以信息流指导物质流,从宏观和总体上对项目的实施进行控制。

三、项目管理信息系统的含义

项目管理信息系统(Project Management Information System,PMIS)是基于计算机项目管理的信息系统,主要用于项目的目标控制。管理信息系统(Management Information System,MIS)是基于计算机管理的信息系统,但主要用于企业的人、财、物、产、供、销的管理。项目管理信息系统与管理信息系统服务的对象和功能是不同的。

项目管理信息系统的应用,主要是用计算机的手段,进行项目管理有关数据的收集、记录、存储、过滤和把数据处理的结果提供给项目管理班子的成员。它是项目进展的跟踪和控制系统,也是信息流的跟踪系统。

四、项目管理信息系统的建立

（一）建立项目管理信息系统的目的

建立项目管理信息系统的目的是项目管理信息系统能及时、准确地提供施工管理所需要的信息，完整地保存历史信息以便预测未来，为项目经理提供决策依据，还能发挥电子计算机的管理作用，以实现数据享和综合应用。

（二）建立项目管理信息系统的必要条件

首先，应建立科学的项目管理组织体系。要有完善的规章制度，采用科学、有效的方法；要有完善的经济核算基础，提供准确而完整的原始数据，使管理工作程序化，报表文件统一化。而完整、经编号的数据资料可以方便地输入计算机，从而建立有效的管理信息系统，并为有效地利用信息创造条件。

其次，要有创新精神和信心。

最后，要有使用电子计算机的条件，既要配备机器，也要配备硬件、软件及人员，以使项目管理信息系统能在电子计算机上运行。

（三）项目管理信息系统的设计开发

设计开发项目管理信息系统的工作应包括以下三个方面：

1. 系统分析

通过系统分析，可以确定项目管理信息系统的目标，掌握整个系统的内容。首先，要调查建立项目管理信息系统的可行性，即对项目系统的现状进行调查。其次，调查系统的信息量和信息流，确定各部门要保存的文件、输出的数据格式；分析用户的需求，确定纳入信息系统的数据流程图。最后，确定电子计算机硬件和软件的要求，然后选择最优方案，同时还要预留未来数据量的扩展余地。

2. 系统设计

利用系统分析的结果进行系统设计，建立系统流程图，提出程序的详细技术资料，为程序设计做准备工作。系统设计分两个阶段进行：进行概要设计，包括输入员、输出文件格式的设计、代码设计、信息分类、子系统模块和文件设计，确定流程图，指出方案的优缺点，判断方案的可行性，并提出方案所需要的物质条件；然后，进行详细设计，将前一阶段的成果具体化，包括输入、输出格式的详细设计，流程图的详细设计，程序说明书的编写等。

3. 系统实施

系统实施的内容包括：程序设计与调试、系统调试、项目管理、系统评价等。程序设计是根据系统设计明确程序设计的要求，如使用何种语言、文件组织、数据处理等，然后绘制程序框图，再编写程序并写出操作说明书。

五、项目管理信息系统的意义与功能

（一）项目管理信息系统的意义

20 世纪 70 年代末期和 80 年代初期，国际上已有项目管理信息系统的商品软件，项目管理信息系统现已被广泛应用于业主方和施工方的项目管理。应用项目管理信息系统的主要意义：

①实现项目管理数据的集中存储；

②有利于项目管理数据的检索和查询；

③提高项目管理数据处理的效率；

④确保项目管理数据处理的准确性；

⑤可方便地形成各种项目管理需要的报表。

（二）项目管理信息系统的功能

项目管理信息系统的功能有：投资控制（业主方）或成本控制（施工方）、进度控制、合同管理。有些项目管理信息系统还包括质量控制和一些办公自动化功能。

1. 投资控制的功能

①项目的估算、概算、预算、标底、合同价、投资使用计划和实际投资的数据计算和分析。

②进行项目的估算、概算、预算、标底、合同价、投资使用计划和实际投资的动态比较（如概算和预算的比较、概算和标底的比较、概算和合同价

的比较、预算和合同价的比较等），形成各种比较报表。

③计划资金投入和实际资金投入的比较分析。

④根据工程的进展进行投资预测等。

2. 成本控制的功能

①投标估算的数据计算和分析。

②计划施工成本。

③计算实际成本。

④计划成本与实际成本的比较分析。

⑤根据工程的进展进行施工成本预测等。

3. 进度控制的功能

①计算工程网络计划的时间参数，确定关键工作和关键路线。

②绘制网络图和计划横道图。

③编制资源需求量计划。

④进度计划执行情况的比较分析。

⑤根据工程的进展进行工程进度预测。

4. 合同管理的功能

①合同基本数据查询。

②合同执行情况的查询和统计分析。

③标准合同文本查询和合同辅助起草等。

第二节 基于 BIM 技术的施工项目管理体系

一、BIM 实施的总体目标与组织机构

（一）BIM 实施总体目标

企业在应用 BIM 技术进行项目管理时，须明确自身在管理过程中的需求，并结合 BIM 自身的特点确定 BIM 辅助项目管理的服务目标。BIM 技术在项目中的应用点众多，各个公司不可能做到样样精通，若没有服务目标而

盲目发展BIM技术，可能会出现在弱势技术领域过度投入的现象，从而产生不必要的资源浪费。只有结合自身建立有切实意义的服务目标，才能有效提升技术实力，在BIM技术快速发展的趋势下占有一席之地。

为完成BIM应用目标，各企业应紧随建筑行业技术的发展步伐，结合自身在建筑领域全产业链的资源优势，确立BIM技术应用的战略思想。如某施工企业根据其"提升建筑整体建造水平、实现建筑全生命周期精细化动态管理、实现建筑生命周期各阶段参与方效益最大化"的BIM应用目标，确立了"以BIM技术解决技术问题为先导、通过BIM技术实现流程再造为核心，全面提升精细化管理，促进企业发展"的BIM技术应用战略思想。

（二）BIM组织机构

在项目建设过程中需要有效地将各种专业人才的技术和经验进行整合，让他们各自的优势和经验得到充分的发挥，以满足项目管理的需要，提高管理工作的成效，为更好地完成项目BIM应用目标，响应企业BIM应用战略思想，需要结合企业现状及应用需求，先组建能够应用BIM技术为项目提高工作质量和效率的项目级BIM团队，进而建立企业级BIM技术中心，以负责BIM知识管理、标准与模板、构件库的开发与维护、技术支持、数据存档管理、项目协调、质量控制等。

1. 项目级BIM团队的组建

一般来讲，项目级BIM团队中应包含各专业BTM工程师、软件开发工程师、管理咨询师、培训讲师等。项目级BIM团队的组建应遵循以下原则：①BIM团队成员有明确的分工与职责，并设定相应的奖惩措施；②BIM系统总监应具有建筑施工类专业本科以上学历，并具备丰富的施工经验、BIM管理经验；③团队中包含建筑、结构、机电各专业管理人员若干名，要求具备相关专业本科以上学历，具有类似工程设计或施工经验；④团队中包含进度管理组管理人员若干名，要求具备相关专业本科以上学历，具有类似工程施工经验；⑤团队中除配备建筑、结构、机电系统专业人员外，还须配备相关协调人员、系统维护管理员；⑥在项目实施过程中，可以根据项目情况，考虑增加团队角色，如增设项目副总监、BIM技术负责人等。

2. BIM 人员培训

在组建企业 BIM 团队前，建议企业挑选合适的技术人员及管理人员进行 BIM 技术培训，了解 BIM 概念和相关技术以及 BIM 实施带来的资源管理、业务组织、流程变化等，从而使培训成员深入学习 BIM 在施工行业的实施方法和技术路线，提高建模成员的 BIM 软件操作能力，加深管理人员 BIM 施工管理理念，加快推动施工人员由单一型技术人才向复合型人才转变。进而将 BIM 技术与方法应用到企业所有业务活动中，构建企业的信息共享及企业竞争力。BIM 人员培训应遵循以下原则：

（1）关于培训对象

应选择具有建筑工程或相关专业大专以上学历、具备建筑信息化基础知识、掌握相关软件基础应用的设计、施工、房地产开发公司技术和管理人员。

（2）关于培训方式

应采取脱产集中的学习方式，授课地点应安排在多媒体计算机房，每次培训人数不宜超过 30 人，为学员配备计算机，在集中授课时，配有助教随时辅导学员上机操作。技术部负责制订培训计划，组织培训实施、跟踪检查并定期汇报培训情况，培训最后要进行考核，以确保培训的质量和效果。

（3）关于培训主题

应普及 BIM 的基础概念，从项目实例中剖析 BIM 的重要性，深度分析 BIM 的发展前景与趋势，多方位展示 BIM 在实际项目操作中与各个方面的联系；围绕市场主要 BIM 应用软件进行培训，同时要对学员进行测试，将理论学习与项目实战相结合，并要对学员的培训状况进行及时反馈。

BIM 在项目中的工作模式有多种，总承包单位在工程施工前期可以选择在项目部组建自己的 BIM 团队，完成项目中一切 BIM 技术应用（建模、施工模拟、工程量统计等）；也可以选择将 BIM 技术应用委托给第三方单位，由第三方单位 BIM 团队负责 BIM 模型建立及应用，并与总承包单位各相关专业技术部门进行工作对接。总包单位可根据需求选择不同的 BIM 工作模式，并成立相应的项目级 BIM 团队。

二、项目 BIM 技术的资源配置

（一）软件配置计划

BIM 工作覆盖面大，应用点多。因此任何单一的软件工具都无法全面支持。需要根据工程实施经验，拟定采用合适的软件作为项目的主要模型工具，并自主开发或购买成熟的 BIM 协同平台作为管理依托。

为了保证数据的可靠性，项目中所使用的 BIM 软件应确保正常工作，且甲方在工程结束后可继续使用，以保证 BIM 数据的统一、安全和可延续性。同时根据公司实力可自主研发用于指导施工的实用性软件，如三维钢筋节点布置软件，其具有自动生成三维形体、自动避让钢骨柱翼缘、自动干涉检查、自动生成碰撞报告等多项功能；BIM 技术支吊架软件，其具有完善的产品族库、专业化的管道受力计算、便捷的预留孔洞等多项功能模块。在工作协同、综合管理方面，通过自主研发的施工总包 BIM 协同平台，来满足工程建设各阶段的需求。根据工程特点制订 BIM 软件应用计划。

（二）硬件配置计划

BIM 模型带有庞大的信息数据，因此，在 BIM 实施的硬件配置上也要有严格的要求，并在结合项目需求以及节约成本的基础上，需要根据不同的使用用途和方向，对硬件配置进行分级设置，即最大程度地保证硬件设备在 BIM 实施过程中的正常运转，最大限度地控制成本。

在项目 BIM 实施过程中，根据工程实际情况搭建 BIM Server 系统，方便现场管理人员和 BIM 中心团队进行模型共享和信息传递。通过在项目部和 BIM 中心各自搭建服务器，以 BIM 中心的服务器作为主服务器，通过广域网将两台服务器进行互联，然后分别给项目部和 BIM 中心建立模型的计算机进行授权，就可以随时将自己修改的模型上传到服务器上，实现模型的异地共享，确保模型的实时更新。硬件配置包括以下几个方面：①项目拟投入多台服务器，如项目部——数据库服务器、文件管理服务器、Web 服务器、BIM 中心文件服务器、数据网关服务器等。公司 BIM 中心——关口服务器、Revitserver 服务器等；②若干台 NAS 存储，如项目部 TO TNAS 存储几台；公司 BIM 中心——10 TNAS 存储；③若干台 UPS，如 6kVA 几台；④若干台图形工作站。

(三) 应用计划

为了充分配合工程，实际应用将根据工程施工进度设计 BIM 应用方案：①投标阶段初步完成基础模型建立、厂区模拟、应用规划、管理规划，依实际情况还可建立相关的工艺等动画；②中标进场前初步制定本项目 BIM 实施导则、交底方案，完成项目 BIM 标准大纲；③人员进场前针对性进行 BIM 技能培训，实现各专业管理人员掌握 BIM 技能；④确保各施工节点前一个月完成专项 BIM 模型，并初步完成方案会审；⑤各专业分包投标前一个月完成分包所负责部分的模型工作，用于工程量分析，招标准备；⑥各专项工作结束后一个月完成竣工模型以及相应信息的三维交付；⑦工程整体竣工后针对物业进行三维数据交付。

模型作为 BIM 实施的数据基础，为了确保 BIM 实施能够顺利进行，应根据应用节点计划合理安排建模计划，并将时间节点、模型需求、模型精度、责任人、应用方向等细节进行明确要求，确保能够在规定时间内提供相应的 BIM 应用模型。

三、BIM 实施的保障措施

(一) 建立系统运行保障体系

建立系统运行保障体系内容包括：①按 BIM 组织架构表成立总包 BIM 系统执行小组，由 BIM 系统总监全权负责。经业主审核批准，小组人员立刻进场，以最快的速度投入系统的创建工作；②成立 BIM 系统领导小组，小组成员由总包项目总经理、项目总工、设计及 BIM 系统总监、土建总监、钢结构总监、机电总监、装饰总监、幕墙总监组成，定期沟通，及时解决相关问题；③总包各职能部门设专人对口 BIM 系统执行小组，根据团队需要及时提供现场进展信息；④成立 BIM 系统总分包联合团队，各分包派固定的专业人员参加。如果因故需要更换，必须有很好的交接，保持其工作的连续性；⑤购买足够数量的 BIM 正版软件，配备满足软件操作和模型应用要求的足够数量的硬件设备,并确保配置符合要求。

(二) 编制 BIM 系统运行工作计划

编制 BIM 系统运行工作计划包括:①各分包单位、供应单位根据总工期以及深化设计出图要求,编制 BIM 系统建模以及分阶段 BIM 模型数据提交计划、四维进度模型提交计划等,由总包 BIM 系统执行小组审核,审核通过后由总包 BIM 系统执行小组正式发文,各分包单位参照执行;②根据各分包单位的计划,编制各专业碰撞检测计划,修改后重新提交计划。

(三) 建立系统运行例会制度

建立系统运行例会制度包括:①BIM 系统联合团队成员,每周召开一次专题会议,汇报工作进展情况以及遇到的困难、需要总包协调的问题;②总包 BIM 系统执行小组,每周内部召开一次工作碰头会,针对本周本条线工作进展情况和遇到的问题,制定下周工作目标;③BIM 系统联合团队成员,必须参加每周的工程例会和设计协调会,及时了解设计和工程的进展情况。

(四) 建立系统运行检查机制

建立系统运行检查机制包括:①BIM 系统是一个庞大的操作运行系统,需要各方协同参与。由于参与的人员多且复杂,需要建立健全一定的检查制度来保证体系的正常运作;②对各分包单位,每两周进行一次系统执行情况飞行检查,了解 BIM 系统执行的真实情况、过程控制情况和变更修改情况;③对各分包单位使用的 BIM 模型和软件进行有效性检查,确保模型和工作同步进行。

(五) 模型维护与应用机制

模型维护与应用机制包括:①督促各分包单位在施工过程中维护和应用 BIM 模型,按要求及时更新和深化 BIM 模型,并提交相应的 BIM 应用成果。如在机电管线综合设计过程中,对综合后的管线进行碰撞校验并生成检验报告。设计人员根据报告所显示的碰撞点与碰撞量调整管线布局,经过若干个检测与调整的循环后,可以获得一个较为精确的管线综合平衡设计;②在得到管线布局最佳状态的三维模型后,按要求分别导出管线综合图、综合剖面图、支架布置图以及各专业平面图,并生成机电设备及材料量化表;③在管线综合过程中建立精确的 BIM 模型，还可以采用 Autodesk Inventor 软件制作管道预制加工图，从而在很大程度上提高项目管道加工预制化、安装工程集成化程度，进一步提高施工质量，加快施工进度；④运用 Revit Navisworks 软件建立四维进度模型，在相应部位施工前一个月内进行施工模拟，及时优化工期计划，指导施工实施。同时，按业主所要求的时间节点提交与施工进度相一致的 BIM 模型；⑤在相应部位施工前的一个月内，根据施工进度及时更新和集成 BIM 模型，进行碰撞检测，提供包括具体碰撞位置的检测报告。设计人员根据报告迅速找到碰撞点所在位置，并进行逐一调整。为了避免在调整过程中有新的碰撞点产生，检测和调整会进行多次循环，直至碰撞报告显示零碰撞点；⑥对于施工变更引起的模型修改，在收到各方确认的变更单后的 14 天内完成；⑦在出具完工证明以前，向业主提交真实准确的竣工 BIM 模型、BIM 应用资料和设备信息等，确保业主和物业管理公司在运营阶段具备充足的信息；⑧集成和验证最终的 BIM 竣工模型，按要求提供给业主。

（六）BIM 模型的应用计划

BIM 模型的应用计划包括：①根据施工进度和深化设计及时更新和集成 BIM 模型，进行碰撞检测，提供具体碰撞的检测报告，并提供相应的解决方案，及时协调解决碰撞问题；②基于 BIM 模型，探讨短期及中期施工方案；③基于 BIM 模型，准备机电综合管道图（CSD）及综合结构留洞图（CBWD）等施工深化图纸，及时发现管线与管线、管线与建筑、管线与结构之间的碰撞点；④基于 BIM 模型，及时提供能快速浏览的 nwf、dwf 等格式的模型和图片，以便各方查看和审阅；⑤在相应部位施工前的一个月内，施工进度表进行 4D 施工模拟，提供图片和动画视频等文件，协调施工各方优化时间安排；⑥应用网上文件管理协同平台，确保项目信息及时有效传递；⑦将视频监视系统与网上文件管理平台整合，实现施工现场的实时监控和管理。

（七）实施全过程规划

为了在项目期间最有效地利用协同项目管理与 BIM 计划，先投入时间对项目各阶段中团队各利益相关方之间的协作方式进行规划。从建筑的设计、施工、运营，直至建筑全寿命周期的终结，各种信息始终整合于一个三维模型信息数据库中；设计、施工、运营和业主等各方可以基于 BIM 进行协同工作，有效提高工作效率、节省资源、降低成本，以实现可持续发展。借助 BIM 模型，能在很大程度上提高建筑工程的信息集成化程度，从而为项目的相关利益方提供了一个信息交换和共享的平台。结合更多的数字化技术，还可以被用于模拟建筑物在真实世界中的状态和变化，在建成之前，相关利益方就能对整个工程项目的成败做出完整的分析和评估。

（八）协同平台准备

为了保证各专业内和专业之间信息模型的无缝衔接和及时沟通，BIM 项目需要在一个统一的平台上完成。该协同平台可以是专门的平台软件，也可以利用 Windows 操作系统实现。其关键技术是具备一套具体可行的合作规则。协同平台应具备的最基本功能是信息管理和人员管理。

在协同化设计的工作模式下，设计成果的传递不应为 U 盘拷贝及快递发图纸等系列低效滞后的方式，而应利用 Windows 共享、FTP 服务器等共享功能。BIM 设计传输的数据量远大于传统设计，其数据量能达到几百兆甚至更多。如果没有一个统一的平台来承载信息，则设计的效率会降低。信息管理的另一方面是信息安全。项目中有些信息不宜公开，比如 ABD 的工作环境 workspace 等。这就要求在项目中的信息设定权限。各方面人员只能根据自己的权限享有 BIM 信息。因此，在项目中应用 BIM 所采用的软件及硬件配置，BIM 实施标准及建模要求，BIM 应用具体执行计划，项目参与人员的工作职责和工作内容以及团队协同工作的平台均已经准备完毕。那么下面要做的就是项目参与方各司其职，进行建模、沟通和协调。

第三节 建筑施工项目 BIM 技术管理实践

一、进度管理

工程建设项目的进度管理是指对工程项目各建设阶段的工作内容、工作程序、持续时间和逻辑关系制定计划，将该计划付诸实施。在实施过程中要经常检查实际进度是否按计划要求进行，对出现的偏差进行原因分析，采取补救措施或调整、修改原计划，直至工程竣工后交付使用。进度管理的最终目的是确保进度目标的实现。工程建设监理所进行的进度管理是指为使项目按计划要求的时间动用而开展的有关监督管理活动。

BIM技术进度管理优势如下：

（一）提升全过程协同效率

基于3D的BIM沟通语言，简单易懂、可视化好，在很大程度上会加快沟通效率，减少了理解不一致的情况；基于互联网的BIM技术能够建立起强大高效的协同平台；所有参建单位在授权的情况下，可随时、随地获得项目最新、最准确、最完整的工程数据，从过去点对点传递信息转变为一对多传递信息，效率提升，图纸信息版本完全一致，从而减少了传递时间的损失和版本不一致导致的施工失误；通过BIM软件系统的计算，减少了沟通协调的问题。传统靠人脑计算3D关系的工程问题探讨，容易产生人为的错误，BIM技术可减少大量问题，同时也减少了协同的时间投入；另外，现场结合BIM、移动智能终端拍照，也提升了现场问题的沟通效率。

（二）加快设计进度

从表面上来看，BIM设计减慢了设计进度。产生这样的结论的原因：一是现阶段设计用的BIM软件确实生产率不够高；二是当前设计院交付质量较低。但实际情况表明，使用BIM设计虽然增加了时间，但交付成果质量却有明显提升，在施工以前解决了更多问题，推送给施工阶段的问题逐渐减少，这对总体进度而言是很有利的。

（三）碰撞检测，减少变更和返工进度损失

BIM技术强大的碰撞检查功能，十分有利于减少进度浪费。大量的专业冲突拖延了工程进度，在大量的废弃工程、返工的同时，也造成了巨大的材料、人工浪费。当前的产业机制造成设计和施工分家，设计院交付成果很多是方案阶段成果，而不是最终施工图，里面充满了很多深入下去才能发现的问题，需要施工单位的深化设计，由于施工单位技术水平有限和理解问题，特别是当前三边工程较多的情况下，专业冲突十分普遍，返工现象常见。在中国当前的产业机制下，利用BIM系统实时跟进设计，第一时间发现问题、解决问题，带来的进度效益和其他效益都是十分惊人的。

（四）加快招投标组织工作

设计基本完成，要组织一次高质量的招投标工作，编制高质量的工程量清单要耗时数月。一个质量低下的工程量清单将导致业主方的巨额损失，利用不平衡报价很容易造成更高的结算价。利用基于BIM技术的算量软件系统，在很大程度上加快了计算速度和计算准确性，加快招标阶段的准备工作，同时提升了招标工程量清单的质量。

（五）加快支付审核

当前很多工程中，由于过程付款争议挫伤了承包商的积极性，影响到工程进度的并非少见。业主方缓慢的支付审核通常会引起承包商合作关系的恶化，甚至影响到承包商的积极性。业主方利用BIM技术的数据能力，快速校核反馈承包商的付款申请单，则可以加快期中付款反馈机制，提升双方战略合作成果。

（六）加快生产计划、采购计划编制

工程中经常因生产计划、采购计划编制缓慢耽误了进度。急需的材料、设备不能按时进场，造成窝工影响了工期。BIM改变了这一切，随时随地获取准确数据变得非常容易，制订生产计划、采购计划缩小了用时，加快了进度，同时提高了计划的准确性。

（七）加快竣工交付资料准备

基于BIM的工程实施方法，过程中所有资料都可随时挂接到工程BIM数字模型中，竣工资料在竣工时即已形成。竣工BIM模型在运维阶段还将为业主方发挥巨大的作用。

（八）提升项目决策效率

在传统的工程实施中，由于大量决策依据、数据不能及时完整地提交出来，决策被迫延迟，或决策失误造成工期损失的现象非常多见。实际情况中，只要工程信息数据充分，决策并不困难，难的通常是决策依据不足、数据不充分，有时导致领导难以决策，有时导致多方谈判长时间僵持，延误工程进展。BIM形成工程项目的多维度结构化数据库，使整理分析数据几乎可以实时实现，完全没有了这方面的难题。

二、质量管理

BIM技术的引入不仅提供了一种"可视化"的管理模式，也能够充分发掘传统技术的潜在能量，使其更充分、有效地为工程项目质量管理工作服务。传统的二维管控质量的方法是将各专业平面图叠加，结合局部剖面图，设计审核校对人员凭经验发现错误，难以全面，而三维参数化的质量控制，是利用三维模型，通过计算机自动实时检测管线碰撞，精确性高。

（一）建模前期协同设计

在建模前期，需要建筑专业和结构专业的设计人员大致确定吊顶高度及结构梁高度；对于净高要求严格的区域，提前告知机电专业；各专业针对空间狭小、管线复杂的区域，协调出二维局部剖面图。建模前期协同设计的目的是在建模前期就解决部分潜在的管线碰撞问题，可预知潜在质量问题。

（二）碰撞检测

传统二维图纸设计中，在结构、水暖电等各专业设计图纸汇总后，由总工程师人工发现和协调问题。人为失误在所难免，使施工中出现很多冲突，造成建设投资的巨大浪费，并且还会影响施工进度。另外，由于各专业承包单位实际施工过程中对其他专业或者工种、工序间的不了解，甚至是漠视，产生的冲突与碰撞也比比皆是。但施工过程中，这些碰撞的解决方案，通常受限于现场已完成部分的局限，大多只能牺牲某部分利益、效能，而被动地变更。调查表明，施工过程中相关各方有时需要付出几十万、几百万，甚至上千万的代价来弥补由设备管线碰撞引起的拆装、返工和浪费。

目前，BIM技术在三维碰撞检查中的应用已经比较成熟，依靠其特有的直观性及精确性，于设计建模阶段就可一目了然地发现各种冲突与碰撞。在水、暖、电建模阶段，利用BIM随时自动检测及解决管线设计初级碰撞，其效果相当于将校审部分工作提前进行，这样可以提高成图质量。碰撞检测的实现主要依托于虚拟碰撞软件，其实质为BIM可视化技术，施工设计人员在建造之前就可以对项目进行碰撞检查，不但能够彻底消除碰撞，优化工程设计，减少在建筑施工阶段可能存在的错误损失和返工的可能性，而且能够优化净空和管线排布方案。最后，施工人员可以利用碰撞优化后的三维方案，进行施工交底、施工模拟，提高了施工质量，同时也提高了与业主沟通的主动权。

碰撞检测可以分为专业间碰撞检测及管线综合碰撞检测。专业间碰撞检测主要包括土建专业之间（如检查标高、剪力墙、柱等位置是否一致，梁与门是否冲突）、土建专业与机电专业之间（如检查设备管道与梁柱是否发生冲突）、机电各专业间（如检查管线末端与室内吊顶是否冲突）的软、硬碰撞点检查；管线综合的碰撞检测主要包括管道专业、暖通专业、电气专业系统内部检查以及管道、暖通、电气、结构专业之间的碰撞检查等。另外，解决管线空间布局问题，如机房过道狭小等问题也是常见的碰撞内容之一。

在对项目进行碰撞检测时，要遵循如下检测优先级顺序：第一，进行土建碰撞检测。第二，进行设备内部各专业碰撞检测。第三，进行结构与给排水、暖、电专业碰撞检测等。第四，解决各管线之间的交叉问题。其中，全专业碰撞检测的方法如下：将完成各专业的精确三维模型建立后，选定一个主文件，以该文件轴网坐标为基准，将其他专业模型链接到该主模型中，最终得到一个包括土建、管线、工艺设备等全专业的综合模型。该综合模型真正为设计提供了模拟现场施工碰撞检查平台，在这平台上完成仿真模式现场碰撞检查，并根据检测报告及修改意见对设计方案进行合理评估并做出设计优化决策，然后再次进行碰撞检测……如此循环，直至解决所有的硬碰撞、软碰撞。

显而易见，常见碰撞内容复杂、种类较多，且碰撞点很多，甚至高达上万个，如何对碰撞点进行有效标识与识别？这就需要采用轻量化模型技术，把各专业三维模型数据以直观的模式，存储于展示模型中。模型碰撞信息采用"碰撞点"和"标识签"进行有序标识，通过结构树形式的"标识签"可直接定位到碰撞位；读取并定位碰撞点后，为了更加快速地给出针对碰撞检测中出现的"软""硬"碰撞点的解决方案，我们可以将碰撞问题划分为以下几类：①重大问题，需要业主协调各方共同解决；②由设计方解决的问题；③由施工现场解决的问题；④因未定因素（如设备）而遗留的问题；⑤因需求变化而带来的新问题。

针对由设计方解决的问题，可以通过多次召集各专业骨干力量参加三维可视化协调会议的办法，把复杂的问题简单化，同时将责任明确到个人，从而顺利地完成管线综合设计、优化设计，得到业主的认可。针对其他问题，则可以通过三维模型截图、漫游文件等协助业主解决。另外，管线优化设计应遵循以下原则：①在非管线穿梁、碰柱、穿吊顶等必要的情况下，尽量不要改动；②只须调整管线安装方向即可避免的碰撞，属于软碰撞，可以不修改，以减少设计人员的工作量；③须满足建筑业主要求，对没有碰撞，但不满足净高要求的空间，也需要进行优化设计；④在进行管线优化设计时，应预留安装、检修空间；⑤管线避让原则：有压管让无压管、小管线让大管线、施工简单管让施工复杂管、冷水管道避让热水管道、附件少的管道避让附件多的管道、临时管道避让永久管道。

（三）大体积混凝土测温

使用自动化监测管理软件进行大体积混凝土温度的监测，将测温数据无线传输自动汇总到分析平台上，通过对各个测温点的分析，形成动态监测管理。电子传感器按照测温点布置要求，自动直接将温度变化情况输出到计算机，形成温度变化曲线图，随时可以远程动态监测基础大体积混凝土的温度变化，根据温度变化情况，随时加强养护措施，确保大体积混凝土的施工质量，确保在工程基础筏板混凝土浇筑后不出现由于温度变化剧烈引起的温度裂缝。

（四）施工工序中管理

工序质量控制就是对工序活动条件即工序活动投入的质量和工序活动效果的质量及分项工程质量的控制。在利用BIM技术进行工序质量控制时能够着重于以下几方面的工作：①利用BIM技术能够更好地确定工序质量控制工作计划。一方面要求对不同的工序活动制定专门的保证质量的技术措施，做出物料投入及活动顺序的专门规定；另一方面要规定质量控制工作流程、质量检验制度。②利用BIM技术主动控制工序活动条件的质量。工序活动条件主要指影响质量的五大因素，即人、材料、机械设备、方法和环境等。③能够及时检验工序活动效果的质量。主要是实行班组自检、互检、上下道工序交接检，特别是对隐蔽工程和分项（部）工程的质量检验；④利用BIM技术设置工序质量控制点（工序管理点），实行重点控制。工序质量控制点是针对影像质量的关键部位或薄弱环节确定的重点控制对象。正确设置控制点并严格实施是进行工序质量控制的重点。

三、安全管理

（一）安全管理的重要性

安全管理是企业生产管理的重要组成部分，是一门综合性的系统科学。安全管理的对象是生产中一切人、物、环境的状态管理与控制，安全管理是一种动态管理。安全管理，主要是组织实施企业安全管理规划、指导、检查和决策，同时，又是保证生产处于最佳安全状态的根本环节。施工现场安全管理的内容，大体可归纳为安全组织管理、场地与设施管理、行为控制和安全技术管理四个方面，分别对生产中的人、物、环境的行为与状态，进行具体的管理与控制。

（二）BIM技术安全管理优势

基于BIM的管理模式是创建信息、管理信息、共享信息的数字化方式，在工程安全管理方面具有很多优势，如基于BIM的项目管理，工程基础数据如量、价等，数据准确、数据透明、数据共享，能完全实现短周期、全过程对资金安全的控制；基于BIM技术，可以提供施工合同、支付凭证、施工变更等工程附件管理，并对成本测算、招投标、签证管理、支付等全过程造价进行管理；BIM数据模型保证了各项目的数据动态调整。可以方便统计，追溯各个项目的现金流和资金状况；基于BIM的4D虚拟建造技术能提前发现在施工阶段可能出现的问题，并逐一修改，提前制定应对措施；采用BIM技术，可实现虚拟现实和资产、空间等管理、建筑系统分析等技术内容，从而便于运营维护阶段的管理应用；运用 BIM 技术，可以对火灾等安全隐患进行及时处理，从而减少不必要的损失，对突发事件进行快速应变和处理，快速准确地掌握建筑物的运营情况。

四、成本管理

（一）成本管理的重要性

成本管理关乎低碳、环保、绿色建筑、自然生态、社会责任、福利等宏大叙事。众所周知，有些自然资源是不可再生的，所以成本控制不仅仅是在财务意义上实现利润最大化，终极目标是单位建筑面积自然资源消耗最少。施工消耗大量的钢材、木材和水泥，最终必然会造成对大自然的过度索取。只有成本管理得较好的企业才有可能有相对的比较优势，成本管理不力的企业必将会被市场所淘汰。成本管理也不是片面地压缩成本，有些成本是不可缩减的，有些标准是不能降低的。特别强调的是，任何缩减的成本不能影响到建筑结构安全，也不能削弱社会责任。我们所谓的"成本管理"就是通过技术经济和信息化手段，优化设计、优化组合、优化管理，把无谓的浪费降至最低。

（二）BIM 技术成本管理优势

1. 快速

建立基于 BIM 的 5D 实际成本数据库，汇总分析能力不断加强，速度快，短周期成本分析不再困难，工作量小、效率高。

2. 准确

成本数据动态维护，准确性大为提高，通过总量统计的方法，消除累积误差，成本数据随进度进展准确度越来越高；数据粒度达到构件级，可以快速提供支撑项目各条线管理所需的数据信息，有效提升施工管理效率。

3. 精细

通过实际成本 BIM 模型，很容易检查出哪些项目还没有实际成本数据，监督各成本实时盘点，提供实际数据。

4. 分析能力强

可以多维度（时间、空间、WBS）汇总分析更多种类、更多统计分析条件的成本报表，直观地确定不同时间点的资金需求，模拟并优化资金筹措和使用分配，实现投资资金财务收益最大化。

5. 提升企业成本控制能力

将实际成本BIM模型通过互联网集中在企业总部服务器，企业总部成本部门、财务部门就可共享每个工程项目的实际成本数据，实现了总部与项目部的信息对称。

五、物料管理

（一）传统材料管理模式

传统材料管理模式就是企业或者项目部根据施工现场实际情况制定相应的材料管理制度和流程，这个流程主要是依靠施工现场的材料员、保管员及施工员来完成。施工现场的多样性、固定性和庞大性，决定了施工现场材料管理具有周期长、种类繁多、保管方式复杂等特殊性。传统材料管理存在核算不准确、材料申报审核不严格、变更签证手续办理不及时等问题，造成大量材料现场积压、占用大量资金、停工待料、工程成本上涨。

基于BIM的物料管理通过建立安装材料BIM模型数据库，使项目部各岗位人员及企业不同部门都可以进行数据的查询和分析，为项目部材料管理和决策提供数据支撑，具体表现如下：项目部拿到机电安装各专业施工蓝图后，由BIM项目经理组织各专业机电BIM工程师进行三维建模，并将各专业模型组合到一起，形成安装材料BIM模型数据库。该数据库是以创建的BIM机电模型和全过程造价数据为基础，把原来分散的工程信息模型汇总到一起，形成一个汇总的项目级基础数据库。

（二）安装材料分类控制

材料的合理分类是材料管理的一项重要基础工作，安装材料BIM模型数据库的最大优势是包含材料的全部属性信息。在进行数据建模时，各专业建模人员对施工所使用的各种材料属性，按其需用量的大小、占用资金多少及重要程度进行"星级"分类，星级越高代表该材料需用量越大、占用资金越多。

（三）用料交底

BIM 与传统 CAD 相比，具有可视化的显著特点。设备、电气、管道、通风空调等安装专业三维建模并碰撞后，BIM 项目经理组织各专业 BIM 项目工程师进行综合优化，提前消除施工过程中各专业可能遇到的碰撞。项目核算员、材料员、施工员等管理人员应熟读施工图纸、透彻理解 BIM 三维模型、吃透设计思想，并按施工规范要求向施工班组进行技术交底，将 BIM 模型中的用料意图灌输给班组，用 BIM 三维图、CAD 图纸或者表格下料单等书面形式做好用料交底，防止班组"长料短用、整料零用"，做到物尽其用，减少浪费及边角料，把材料消耗降到最低限度。

（四）物资材料管理

施工现场材料的浪费、积压等现象司空见惯，安装材料的精细化管理一直是项目管理的难题。运用 BIM 模型，结合施工程序及工程形象进度周密安排材料采购计划，不仅能保证工期与施工的连续性，而且能用好用活流动资金、降低库存、减少材料二次搬运。同时，材料员根据工程实际进度，方便地提取施工各阶段材料用量，在下达施工任务书中，附上完成该项施工任务的限额领料单，作为发料部门的控制依据，实行对各班组限额发料，防止错发、多发、漏发等无计划用料，从源头上做到材料的有的放矢，减少施工班组对材料的浪费。

（五）材料变更清单

工程设计变更和增加签证在项目施工中会经常发生。项目经理部在接收工程变更通知书执行前，应有因变更造成材料积压的处理意见，原则上要由业主收购，否则，如果处理不当就会造成材料积压，无端地增加材料成本。BIM 模型在动态维护工程中，可以及时将变更图纸进行三维建模，将变更发生的材料、人工等费用准确、及时地计算出来，便于办理变更签证手续，保证工程变更签证的有效性。

参考文献

[1] 李芊颖，汲生全，邵常芯. 建筑工程与施工技术研究 [M]. 长春：吉林科学技术出版社，2023.07.

[2] 孙宁，徐巍，向梦华. 建筑设计与施工技术 [M]. 武汉：华中科技大学出版社，2023.05.

[3] 李建峰. 建筑施工技术与组织 [M]. 北京：机械工业出版社，2023.09.

[4] 贺凯，胡双凤，王军. 房屋建筑工程施工技术与管理 [M]. 长春：吉林科学技术出版社，2023.06.

[5] 王江容. 项目管理理论与实践 [M]. 南京：东南大学出版社，2023.04.

[6] 王楠楠. 工程项目管理 [M]. 大连：大连海事大学出版社，2023.12.

[7] 张辉，崔团结，刘霞. 土木工程施工与项目管理研究 [M]. 哈尔滨：哈尔滨出版社，2023.01.

[8] 王浩宇. 土木工程施工与项目管理分析研究 [M]. 汕头：汕头大学出版社，2023.03.

[9] 韩继锋，赵红星，王立峰. 工程项目管理与施工技术研究 [M]. 长春：吉林科学技术出版社，2023.06.

[10] 赵军生. 建筑工程施工与管理实践 [M]. 天津：天津科学技术出版社，2022.06.

[11] 张统华. 建筑工程施工管理研究 [M]. 长春：吉林科学技术出版

社，2022.08.

[12] 刘太阁，杨振甲，毛立飞．建筑工程施工管理与技术研究［M］．长春：吉林科学技术出版社，2022.08.

[13] 别金全，赵民佶，高海燕．建筑工程施工与混凝土应用［M］．长春：吉林科学技术出版社，2022.08.

[14] 史华．建筑工程施工技术与项目管理［M］．武汉：华中科技大学出版社，2022.10.

[15] 林环周．建筑工程施工成本与质量管理［M］．长春：吉林科学技术出版社，2022.08.

[16] 肖义涛，林超，张彦平．建筑施工技术与工程管理［M］．长春：吉林人民出版社，2022.09.

[17] 薛驹，徐刚．建筑施工技术与工程项目管理［M］．长春：吉林科学技术出版社，2022.09.

[18] 朱江，王纪宝，詹然．建筑工程管理与施工技术研究［M］．长春：吉林科学技术出版社，2022.11.

[19] 张瑞，毛同雷，姜华．建筑给排水工程设计与施工管理研究［M］．长春：吉林科学技术出版社，2022.08.

[20] 于飞，闫伟，亓领超．建筑工程施工管理与技术［M］．长春：吉林科学技术出版社，2022.09.

[21] 张高峰．建筑工程施工与造价管理［M］．天津：天津科学技术出版社，2022.12.

[22] 韩光辉．建筑工程施工与项目管理技术研究［M］．天津：天津科学技术出版社，2022.12.

[23] 王明太．建筑工程施工管理与风险控制研究［M］．北京：北京工业大学出版社，2022.03.

[24] 李树芬．建筑工程施工组织设计［M］．北京：机械工业出版社，2021.01.

[25] 蒲娟，徐畅，刘雪敏．建筑工程施工与项目管理分析探索［M］．

长春：吉林科学技术出版社，2021.06.

[26] 张甡. 绿色建筑工程施工技术 [M]. 长春：吉林科学技术出版社，2021.06.

[27] 李志兴. 建筑工程施工项目风险管理 [M]. 北京：北京工业大学出版社，2021.10.

[28] 何相如，王庆印，张英杰. 建筑工程施工技术及应用实践 [M]. 长春：吉林科学技术出版社，2021.08.

[29] 张志伟，李东，姚非. 建筑工程与施工技术研究 [M]. 长春：吉林科学技术出版社，2021.08.

[30] 黄河军，王光炎. 建筑工程施工组织与管理 [M]. 北京：北京理工大学出版社，2021.11.

[31] 于立竹. 建筑工程施工组织与管理 [M]. 北京：中国商业出版社，2021.10.

[32] 赵伟，姚文辉. 建筑工程施工技术与工程项目管理 [M]. 长春：吉林科学技术出版社，2021.08.

[33] 子重仁. 建筑工程施工信息化技术应用管理研究 [M]. 西安：西北工业大学出版社，2021.10.